上海财经大学富国 ESG 丛书

上海财经大学富国ESG系列教材

ESG前沿十六讲

范子英　郭　峰　张　航◎编

上海学术·经济学出版中心

图书在版编目(CIP)数据

ESG前沿十六讲 / 范子英,郭峰,张航编. -- 上海 : 上海财经大学出版社, 2025. 1. --(上海财经大学富国ESG系列教材). -- ISBN 978-7-5642-4559-7

Ⅰ.X322.2

中国国家版本馆CIP数据核字第2024HC8961号

□ 责任编辑　李成军
□ 封面设计　李　敏

ESG前沿十六讲

范子英　郭　峰　张　航　编

上海财经大学出版社出版发行
(上海市中山北一路369号　邮编200083)
网　　址:http://www.sufep.com
电子邮箱:webmaster@sufep.com
全国新华书店经销
上海锦佳印刷有限公司印刷装订
2025年1月第1版　2025年1月第1次印刷

787mm×1092mm　1/16　10.5印张(插页:2)　223千字
定价:58.00元

总 序

ESG，即环境(Environmental)、社会(Social)和公司治理(Governance)，代表了一种以企业环境、社会、治理绩效为关注重点的投资理念和企业评价标准。ESG的提出具有革命性意义，它要求企业和资本不仅关注传统盈利性，更需关注环境、社会责任和治理体系。ESG的里程碑意义在于它通过资本市场的定价功能，描绘了企业在与社会长期友好共存的基础上追求价值的轨迹。

关于ESG理念的革命性意义，从经济学说史的角度，它解决了个体道德和宏观向善之间的关系，使得微观个体在看不见的手引导下也能够实现宏观的善。因此，市场经济的伦理基础与传统中实际整体社会的伦理基础发生了革命性的变化。这种变革引发了"斯密之问"，即市场经济是否需要一个传统意义上的道德基础。马克斯·韦伯在《新教伦理与资本主义精神》中企图解决这一冲突，认为现代市场经济，尤其是资本主义市场经济，它很重要的伦理基础来源于新教。但它依然存在着未解之谜：如何协调整体社会目标与个体经济目标之间的冲突。

ESG之所以具有如此深刻的影响，关键在于价值体系的重塑。与传统的企业社会责任不同，ESG将企业的可持续发展与其价值实现有机结合起来，不再是简单呼吁企业履行社会责任，而是充分发挥了企业的价值驱动，从而实现了企业和社会的"双赢"。资本市场在此过程中发挥了核心作用，将ESG引入资产定价模型，综合评估企业的长期价值，既对可持续发展的企业给予了合理回报，更引导了其他企业积极践行可持续发展理念。资本市场的"用脚投票"展现长期主义，使资本向善与宏观资源配置最优相一致，彻底解决了伦理、社会与经济价值之间的根本冲突。

然而，推进ESG理论需要解决多个问题。在协调长期主义方面，需要从经济学基础原理构建一致的ESG理论体系，但目前进展仍不理想。经济的全球化与各种制度、伦理、文化的全球化发生剧烈的碰撞，由此导致不同市场、不同文化、不同发展阶段对于ESG的标准产生了各自不同的理解。但事实上，资本是最具有全球主义的要素，是所有要素里面流通性最大的一种要素，它所谋求的全球性与文化的区域性和环境的公共属性之间产生了剧烈的冲突。这种冲突导致ESG在南美、欧洲、亚太产生了一系列差异。与传统经济标准、经济制度中的冲突相比，这种问题还要更深层次一些。

在2024年上半年，以中国特色为底蕴构建ESG的中国标准取得了长足进步，财政部和三大证券交易所都发布了各自的可持续披露标准，引起了全球各国的重点关注，在政策和实践快速发展和迭代的同时，ESG 的理论研究还相对较为缓慢。我们需要坚持高质量的学术研究，才能从最基本的一些规律中引申出我们在应对和解决全球冲突中最为坚实的理论基础。所以，在目前全球 ESG 大行其道之时，研究 ESG 毫无疑问是要推进 ESG 理论的进步，推进我们原来所讲的资本向善与宏观资源配置之间的弥合。当然，从政治经济学的角度讲，我们也确实需要使我们这个市场、我们这样一个文化共同体所倡导的制度体系能够得到世界的承认。

考虑到 ESG 理念的重要性、实践中的问题以及人才培养的需求，为了更好地推动 ESG 相关领域的学术和政策研究，同时培养更多的 ESG 人才，2022 年 11 月上海财经大学和富国基金联合发起成立了“上海财经大学富国 ESG 研究院”。这是一个跨学科的研究平台，通过汇聚各方研究力量，共同推动 ESG 相关领域的理论研究、规则制定和实践应用，为全球绿色、低碳、可持续发展贡献力量，积极服务于中国的“双碳”战略。我们的目标是成为 ESG 领域“产、学、研”合作的重要基地，通过一流的学科建设和学术研究，产出顶尖成果，促进实践转化，支持一流人才的培养和社会服务。在短短一年多时间里，研究院在科学研究、人才培养和平台建设等方面都取得了突破进展，开设 ESG 系列课程和新设了 ESG 培养方向，组织了系列课题研究攻关，举办了一系列学术会议、论坛和讲座，在国内外产生了广泛的影响。

特别是从 2023 年 9 月开始，研究院协调全校师资力量，开设了多门 ESG 课程，并组建 ESG 奖学金班，探索跨学科人才培养的新模式。为更好发挥 ESG 人才培养的溢出效应，研究院总结 ESG 人才培养和课程教学中的经验做法，推出了这套“上海财经大学富国 ESG 系列教材”。该系列教材都是研究院课程教学、案例大赛、系列讲座等相关内容转化而来的。通过这一系列教材，我们期望为全国 ESG 人才培养贡献绵薄之力。

刘元春

2024 年 7 月 15 日

前　言

ESG（环境、社会和公司治理）由2004年联合国企业可持续发展倡议计划（Global Compact）首次提出，是推动可持续转型的最新工具。与以往以政策为主导，以外力推动为思路的转型工具不同，ESG以市场为主体，通过显性化企业的潜在风险，引导利益相关者的投资、消费和就业等行为，使公司利益与外部环境和长期发展深度绑定，进而实现企业和社会的共同可持续转型。

因先进的市场化理念和卓越的实践成效，ESG自提出以来，快速成为推动全球可持续发展进程的重要工具。至今，已有包括全球报告倡议组织（GRI）、可持续发展会计准则委员会基金会（SASB）在内的四个重要国际组织发布了ESG信息披露标准；根据《巴黎协定》签署国统计，ESG实践几乎覆盖了所有经济体；根据毕马威发布的《企业社会责任报告调查》，截至2020年，16个工业国家前100强企业中有80%发布了泛ESG报告。中国的ESG进程也紧跟国际，环保部/生态环境部、证监会和交易所在2003年到2020年间，发布了数项可持续发展信息披露的指引和要求。受此推动，中国企业的ESG披露快速增长，2017年到2022年，A股中发布泛ESG报告的企业从871家增长到1 755家。特别在2024年，三大交易所和财政部分别发布了更明确的披露指引，标志着企业的ESG工作即将由“可选动作”变为“规定动作”，中国的ESG进程正迅猛加速。

ESG的市场化理念，要求其参与主体不能只有披露企业，而是需要一个完整的生态做支撑。这涉及两个关键问题，即企业的ESG信息通常是庞杂且隐蔽的。首先，影响企业可持续发展的因素种类繁多，以2016年版的GRI可持续性报告标准为例，涵盖经济、环境和社会三大议题，共33个细分议题，每个议题还需要数个指标作支撑。其次，ESG重点关注企业长期发展的影响因素，特别是潜在风险和供应链传导。这些因素大多是企业自身也不甚清晰，或者不愿意向外界披露的。外界要验证这类信息的完整性和真实性十分困难。由于ESG信息的庞杂且隐蔽，企业的ESG报告难以直观和真实地向市场传达其发展的可持续性，致使投资引导的作用无法发挥。

为纠正ESG信息庞杂、隐蔽的问题，ESG生态逐步建立和发展。首先是准则制定和咨询机构，前者多由国际权威机构和各国的主管部门承担，规定企业披露的目标、框架和细则。后者多由传统的咨询机构承担，也有部分新兴的专业ESG咨询机构，为企业的数据分析、报告撰写和治理提升提供帮助。其次是鉴证机构，鉴证类似财务审计，是对ESG信息真实性的一种调查核实，因此多由传统的审计机构承担。最后是ESG评级机构，在企业按规范提供真实ESG信息的基础上，其庞杂性依旧存在，且对企业发展可持续性的完整描述依旧存疑。因此，衍生出了一个专门的机构，其功能是通过搜集更为细化和及时的ESG信息，结合企业的ESG报告，形成更加全面和量化的ESG底层指标，再结合评级方法论，将底层指标逐级加权综合，最终形成反映企业ESG表现的直观评分。ESG生态在ESG前沿的经济体已趋于成熟，是ESG信息转化为有效的市场信号过程中必不可少的基础设施。

在中国，随着披露要求的强化，ESG生态也正快速建立和发展。在这一大潮中，不管是传统的主管部门、交易所、咨询机构、机构投资者、科研院所，还是新兴的ESG培训、咨询和评级机构，都在复杂的市场局势和多变的政策环境中不断调整战略，奋勇前行。上海财经大学富国ESG研究院作为ESG大潮的独立观察者和研究部门，以人才培养为初衷，以研讨交流为目的，在2023—2024年间邀请了16位主讲人来研究院分享。主讲人的从业单位有ESG相关的国企、高校、专业委员会，以及在实践一线的评级、投资和咨询等机构，几乎涵盖了ESG生态的所有部分，主讲人也均为ESG大潮的推波者和亲历者。讲座内容既覆盖宏观的ESG政策背景和准则制定，也涉及企业、评级、咨询、投资基金等ESG前沿主体的微观实践。在征得主讲人同意，并整理演讲稿后，形成了本书《ESG前沿十六讲》，包括如下四篇内容。

第一篇为“总论”篇，5位主讲人来自ESG相关的主管部门、国企和高校研究机构，各自从不同的视角解读了ESG浪潮中，企业应如何贯彻“利益并举”的理念，执行可持续化的公司治理模式，以使自身的价值创造与国家的双碳目标和中国式现代化进程相融合。第二篇为“国际准则”篇，4位来自会计准则委员会、高校以及会计师事务所的主讲人分享了其所亲历的国际准则的制定、修改和执行过程，及其背后来自国内外社会各界的诉求、压力和反馈，为我们揭示了牵动全球的ESG披露标准的形成过程。第三篇为“商业实践”篇，来自高校、评级和咨询公司的4位主讲人以企业为视角，分享了在披露要求下，企业应如何以评级实践为参考，构建ESG核算与可持续发展的微观机制，特别是传统经营模式常被忽视但ESG管理极为重视的供应链管理的构建，最终实现向可持续发展的转型。第四篇“价值投资”回归ESG实践的核心理念——投资引导，来自高校和投资机构的3位主讲人分享了在绿色金融的宏观政策背景下，市场如何通过ESG评级这一显性化工具，将ESG理念应用到投资实践中。

本书区别于市面上一般化的ESG内容概览和操作指南，旨在从不同视角讲述ESG的中国故事，为世界第二大经济体向可持续化和低碳化转轨的艰辛过程记录下更直面、更多维、更前沿的切片式留影。

目　录

第一篇　总　论

第二篇　国际准则

第三篇　商业实践

第四篇　价值投资

·第一篇·

总　论

第一讲　践行 ESG 与企业经营发展变革[①]

屠光绍[②]

本次讲座聚焦企业这一具体角度，讨论了企业践行 ESG 的定义、企业为什么要践行 ESG、企业如何践行 ESG、如何为企业践行 ESG 营造更好的生态四个方面的内容，希望企业能够通过践行 ESG 改善经营发展的现状，共创高质量发展的美好未来。

一、何为践行 ESG

什么是践行 ESG? 大家都知道 ESG 包括三方面内容：E、S 和 G，且每一项的具体内容，以及每项具体内容在中国语境下的具体事项，在此不再赘述，相信大家都有一定程度的了解。但什么是践行 ESG，我认为这是个问题。

第一，践行 ESG 就是要行动，这是 ESG 的基本原则。知道 ESG 及其重要性还不够，还应当付诸实现。这里"践行"的意思就是要将口头践行与实际践行区分开。

第二，践行 ESG 就是将 ESG 纳入企业经营活动，这是 ESG 的本质属性。早在中国古代就有个词叫"义利观"，不能重利忘义就是传统意义上的社会责任，这些都是很朴素的价值观，影响以至支配企业的经营活动和商业活动。现代企业也在做许多承担社会责任的事情，比如企业用自身经营活动挣到的钱去扶贫、捐赠和慈善等，但这是否可以归类于践行 ESG 呢? 可以是，也可以不是——因为这些事项在企业经营活动之外，虽然也是企业的行为，但并没有嵌入企业经营行为。而我们现在所讲的企业践行 ESG，就是要将 ESG 本身纳入企业的经营活动，而不是先挣钱再投入社会责任事项，这就是 ESG 的本质属性。因此，现代意义上的 ESG 与传统意义上的企业行善是不同的。

第三，既然践行 ESG 要求将 ESG 与经营活动相融合，就应当有序推进企业经营发展的系统变革，否则无法将原来不属于经营活动的事项纳入经营活动，这是 ESG 的重要标志。我们通过这一点可以将表面做 ESG 工作和真正通过企业践行 ESG 区别开来。

---

① 本文为 2023 年 11 月 11 日上海财经大学 106 周年校庆论坛暨首届 ESG 创新论坛的主旨演讲内容，本次论坛主题为"中国式现代化征程中的 ESG"。演讲内容由池雨乐整理成文。

② 上海交通大学上海高级金融学院执行理事，中国投资有限责任公司原副董事长、总经理。

二、为何践行ESG

ESG为什么重要？以前我们提过企业社会责任、关注生态环境等内容，却没有广泛使用ESG的概念；或者说ESG在20世纪70年代提出，但直至2015年及其之后才风起云涌；其背景和时代特征可以主要概括为四个方面：

其一，ESG是全球可持续发展大势所趋。2015年联合国可持续发展议程（由全球193个国家签署）包括17个方面，这是全球经济社会可持续发展的总体框架，而对经济体系中的微观主体企业来说，归纳起来就是E、S、G；世界经济论坛近期提出了全球正在面临的十大风险，归纳起来也体现为环境生态、社会协调和治理体系方面的问题。这都说明了可持续发展以及企业践行ESG是全球大势所趋。

其二，国家发展战略和发展方式引领。表1展示了近年来我国为推动可持续发展所出台的重要文件，可以说明ESG发展不仅是全球大势所趋，也是中国高质量发展的具体要求，是发展方式和发展战略所引领的重要变革。

表1　国家发展战略和发展方式引领下的ESG

时间	发文单位	文件	主要内容
2023年2月	中共中央、国务院	《质量强国建设纲要》	树立质量发展绿色导向，推动制造业高端化、智能化、绿色化发展
2022年10月	中国共产党第二十次全国代表大会	《高举中国特色社会主义伟大旗帜 为全面建设社会主义现代化国家而团结奋斗》	加快发展方式绿色转型，深入推进环境污染防治，提升生态系统多样性、稳定性、持续性，积极稳妥推进碳达峰、碳中和
2022年7月	中国人民银行、证监会	《中国绿色债券原则》	基本统一了国内绿债的发行规范，有助于推动国内绿债市场与国际通行标准接轨，为全球投资者参与中国的低碳绿色发展创造了更好条件
2021年10月	国务院	《2030年前碳达峰行动方案》	重点实施能源绿色低碳转型行动、节能降碳增效行动、工业领域碳达峰行动、城乡建设碳达峰行动、交通运输绿色低碳行动、循环经济助力降碳行动、绿色低碳科技创新行动、碳汇能力巩固提升行动、绿色低碳全民行动、各地区梯次有序碳达峰行动等
2021年9月	中共中央、国务院	《关于完整准确全面贯彻新发展理念做好碳达峰碳中和工作的意见》	将绿色金融作为“双碳”战略推进的重要抓手，有序推进绿色低碳金融产品和服务开发，引导金融机构、社会资本和企业为绿色低碳项目投融资
2021年2月	国务院	《关于加快建立健全绿色低碳循环发展经济体系的指导意见》	提出要大力发展绿色金融和绿色交易市场机制，完善绿色标准，确保双碳目标实现

续表

时间	发文单位	文件	主要内容
2021 年 5 月	中国人民银行	《银行业金融机构绿色金融评价方案》	将绿色贷款升级为绿色金融，并对绿色全融业务进行综合评价及实施激励约束，评价结果纳入央行金融机构评级等中国人民银行政策和审慎管理工具
2019 年 3 月	发改委等七部门联合	《绿色产业指导目录（2019 年版）》	明确了绿色产业的定义和分类

其三，客户及投资人选择驱动。从目前来看，企业的客户和投资人驱动力并不是非常强劲，但未来一定是越来越强劲的，因而 ESG 也会得到更进一步的发展。如果企业的 ESG 做得不好，客户可能不会选择其产品，合作伙伴可能会拒绝合作，投资机构可能减少乃至取消投资，因此，客户及投资人对 ESG 的偏好意味着企业重视 ESG 不仅仅是价值观认同的问题，还体现了对企业可持续经营风险的重视。企业不践行 ESG 将可能面临诸多风险，这就是客户及投资人选择驱动下的 ESG。

其四，企业家理念和精神的体现。这一点尽管放在最后，但是很重要，企业家精神应当与时俱进，具有强烈社会责任感与使命感。企业家如何顺应时代潮流为社会做出更多贡献，就是这一点的体现。这里的企业包括各种企业，如实体企业、金融机构等微观主体。

三、企业如何践行 ESG

无论是正在做 ESG 的企业，还是准备做 ESG 的企业，都将面临这一问题，即“企业如何践行 ESG”。前面已经说到，践行 ESG 要求企业经营发展方式做出有序的系统调整和变革，变革的具体内容包括以下九个方面。如果企业将来要践行 ESG 或已经开始践行 ESG，便可从以下九个方面系统思考：

第一，企业价值取向。企业要权衡商业价值和社会价值，以及如何将企业的商业价值和社会价值纳入自身经营活动。企业价值还是一个短期价值和长期价值的问题，践行 ESG 需要平衡企业的短期和长期价值，从长期考虑，ESG 本身就是企业可持续经营的基础，因而企业践行 ESG 就是提高自身的可持续发展能力，以成为企业长期可持续价值实现的重要支撑。此外，企业价值还面临不同的利益群体，如股东和其他利益相关者。

第二，企业经营范畴。首先，企业经营范畴的私有产品和公共产品问题，现在 ESG 所关注的部分内容属于公共产品，因此企业传统经营活动中对涉及 ESG 的内容是不关心的，即这些内容一般不属于企业的经营活动，而是经营活动之外的事项。其次，内部性和外部性的问题，外部性理论是经济学中非常重要的理论，相信大家都有所了解。比如，现在所说的企业碳排放问题。碳排放对于企业来说是有正外部性的，现在的能源结构意味着在不考虑其他因素的情况下，碳排放量与企业经营规模是正相关的，但是对社会来讲具有负外部性。在中国现有的化石能源结构下，企业生产越多，其市场规模和收入总额越大，但污染的排放量也随之增加。因此,在绿色低碳发展的大环境中,企业在经营范畴中还要考虑将生产的外部性内部化。最后,企业经营范畴还涉及财务内容与非财务内容,现在也有专家将其称为财务内容与可持续内容,这里所说的"非财务内容"是指与传统财务内容相比的非传统财务内容,在未来或许会发展成为财务内容,纳入企业经营活动,最终综合反映在企业的财务状况中。

第三,企业发展战略。将ESG纳入企业发展规划后,企业应当调整发展战略,如战略目标、发展规划和实施路径等内容。

第四,企业资源结构。企业践行ESG意味着其资源结构可能需要发生变化。比如说资本,企业的投资人是否会在未来选择做ESG,即现有的资本结构是否能够符合企业发展的资源条件,尤其是在ESG领域;再比如说资产,将碳资产、绿色资产等概念融入企业的资产结构中是否可行,以及现有资产的绿色化程度如何;人才更是如此,一两年前四大发布了一个宏伟的战略规划,预计将招聘10万人投入ESG市场,以满足该市场的巨大需求。因此企业需要考虑其资源结构,践行ESG的过程中必须面对资源结构的变化。

第五,企业业务风险。ESG领域涉及很多政策和法规,特别是环境方面,这意味着企业将来在ESG领域可能会面临合规风险。比如我们现在看到的许多政策风险、市场风险、资产风险、商誉风险、企业形象风险、无形资产风险等。如果企业的ESG工作做得不好,那么它在社会责任和环境生态等方面可能就会面临一系列风险。

第六,企业管理方式。现在是否有适合ESG的企业管理方式?这当然涉及许多问题,还有待专门的研究。

第七,企业绩效评价。某些企业按照传统绩效评价可能表现出非常好的发展前景,但是将ESG考核内容纳入企业绩效评价时,由于衡量企业绩效的影响因素发生了改变,因而绩效评价的结果也和过去不同了,当然这里还存在评价方式和评价方法的改变。因此,践行ESG还要求企业的绩效评估发生变革。

第八,企业治理体系。首先关注ESG的"G"本身,这是ESG的重要内容。但是大家对于ESG的"G"在理解上有点偏差,我接触的一些人认为"G"就是传统认为的企业治理和公司治理,因此这并不构成一个新的概念。但实际上ESG中的"G"和传统的"G"在内容上是不同的,它既包含传统内容,还包含新的内容。ESG中的"G"还要求将环境和社会两个因素纳入企业经营活动后再来讨论企业的治理情况,这就是纳入新东西后的"G"。总而言之,治理能够为ESG提供保障。

第九,企业文化建设。企业文化是整个企业发展的根基,说起来企业文化是看不见、摸不着的,但它深植于企业内部,能够直达人心,因此企业文化对企业发展具有重要意义。我们说企业文化很重要,但我们又说不清它到底是什么东西;我们说企业文化不重要,但它又潜移默化地发挥作用。我觉得ESG实际上也在改变企业文化,它是一种价值导向,既追求长期精神,也提倡企业责任。我认为ESG是文化传承、创新融合的一种形式,既有文化传承内容，又是一种文化创新。其中，创新体现在 ESG 中很多内容是新的，融合体现在它是国际和国内文化的融合。总而言之，它会对企业文化建设产生影响。

综上所述，企业要践行 ESG，要把 ESG 践行得好，需要在以上这些方面做出思考和应对，同时需要我们在这些方面根据 ESG 的推进进程来不断完善和健全这一过程，以满足企业践行 ESG 在这些方面的要求。

四、如何为企业践行 ESG 营造良好生态

我们已经介绍了企业为什么要践行 ESG 和企业如何践行 ESG，下面进一步介绍如何为企业践行 ESG 营造更好的生态。

第一，经营活动与基础设施。企业践行 ESG 没有基础设施是不行的，这就像车要跑得快，没有高速公路是不行的。这里的基础设施包括 ESG 的指标系统、披露标准、评价体系、估值办法和数据基础等，这些都是国际上非常前沿的内容，也是需要在践行 ESG 过程中必须解决的基础设施问题。

第二，政府引导与市场机制。正如范子英教授所提到的中国政府的重要作用，从全球视角出发，政府在 ESG 发展过程中发挥着重要作用；对于中国而言，中国政府可能在引导和促进 ESG 发展方面承担更为重要的角色和责任，当然这也要与市场机制相结合。

第三，企业主体与中介服务。目前的 ESG 中介服务有很多，各个地方都在谈论如何发展 ESG，发展 ESG 可能带来的长期正向影响，以及该种影响是否会对企业、经济的其他方面产生作用。也就是说，地方政府在重视 ESG 的方面仍有些不确定性，但这是未来长期发展、实现可持续发展的重要趋势。当然，我们还要关注 ESG 发展之后对企业主体在可持续经营方面的重要影响，以及 ESG 的生态环境、社会责任和公司治理等方面做好之后，可能带来的与 ESG 发展相关的服务体系需求增加。从长期来看，或者是从整个产业结构来看，ESG 发展将带来积极影响，特别是专业服务业的需求，这也是发展专业服务业的重要机遇。

第四，国际趋势与境内特色。目前国际共识确实在 ESG 的“E”方面会更多一些，在现行环境方面的国际标准、国际测量和核算办法等方面都比较统一。以碳排放为例，不管是在英国、在非洲，还是在中国，碳排放是什么样的水平就是什么样的水平。但是在“S”和“G”方面，就存在需要兼容并包的地方，目前仍存在一些随发展阶段和发展基础的不同而不同，以及在各个区域间内容设定差异化的情况。因此，我国 ESG 发展既要遵循国际趋势，又要反映自身特色，如中国式现代化新道路，建立中国特色的社会主义市场经济等。这决定了我们要把握国际总体趋势，对标全球最佳实践，立足自身发展特色，以及参与国际规则制定。

我一直在呼吁中国正在强调制度性开放，大家都知道中国加入全球的经济体系，特别是加入 WTO 时是当时国际规则的后参与者、跟随者和遵从者。但是在一些新的领域，如 ESG 领域，目前全球面临共同的任务。因此在全球 ESG 制度建设和治理体系构建方面，中

国应该发挥更重要的作用，因为ESG体系无论是对发达国家，还是对发展中国家来说都是新课题。所以我提出，在ESG、低碳发展和数字经济发展等方面，中国应更多地参与这些新课题的国际规则制定，同时把握好国际趋势和境内特色双重要求。

五、ESG“四化”

最后用几句话归纳今天所讲的内容，并将今后的ESG发展归结为“四化”。我们都听说过中国的四个“现代化”，在还没有改革开放的时候就提出来了，至今也有几十年了。今天我把ESG未来发展的重点、难点，同样也是亮点，总结为“四化”：

第一，ESG经营活动的内部化。从企业内部角度出发来看内部化是很难的，这要求企业在我刚才讲到的九个方面都做出必要的调整和变革。将ESG相关的东西，尤其是对企业来说是新的东西纳入企业内部经营活动，就叫作内部化。内部化涉及很多问题，其中最重要的就是企业能否形成内部化，若无法形成内部化，则ESG就无法真正行稳致远，无法真正变成企业自发的追求和经营活动事项，无法真正变成企业在未来发展过程中的重要因素，所以能否形成内部化是第一个问题。

第二，ESG信息披露的标准化。在实现内部化之后，马上要做的就是ESG信息披露的标准化，这有助于说明ESG经营活动的内部化做得怎么样，以及具体是如何实现的。当然现在ESG信息披露的标准化确实是一个全球性的重点难题，现在也进入了破题阶段，如国际可持续准则理事会（ISSB）已经提出了S1和S2，但标准化的过程中我们要注意全球基准和各国自身特色如何结合。我们能够看到ISSB的S1和S2留了一些空间，通俗地讲这允许我们“打补丁”，因为全球各个国家和地区的发展情况不同，且不同发展阶段的工作重心和主要任务不同，因此全球不可能完全按照一样的准则开展披露信息工作。总而言之，ISSB具有包容性，允许各个国家的企业在披露信息时能够将全球框架体系的基准和各国实际情况相结合，当然这说起来很容易，但执行起来却很难。这就是ESG信息披露标准化的难点，在将来也会是重点和亮点。

第三，ESG状态评价的体系化。既然要做ESG经营活动的内部化和ESG信息披露的标准化，还必须做出对应的评价，因为没有评价就没有价值导向，无法对资源做出更好的配置。但现在我们遇到了一个很大的问题，即目前的评价标准并不统一，不同评级机构各自在自己认为重要的方面评价，最终得到的ESG评价结果差别很大。这就无法形成一个系统化和体系化的导向，无法真正反映评价工作的客观性、科学性和公正性。以上就是ESG状态评价的体系化问题。

第四，ESG绩效估值的货币化。这同样非常难，我看目前的企业ESG报告中会涉及影响力估值的问题，这同样也是国际上最前沿的问题——将企业与ESG相关的外部经营活动纳入企业内部，并同时要求实现披露标准化和评价体系化，这些问题的关键就是ESG的价值。我们都说ESG具有价值，既有商业价值又有社会价值，既有长期价值又有短期价值，既对股东有好处也对利益相关者有好处，但是如何得到这一估值以体现企业的价值？或者说这一价值如何真正实现货币化？这一过程在有的方面比较简单，在有些方面比较困难，特别是在环境保护和社会责任等方面。因为我们面对的是市场，企业从事 ESG 的价值应当通过估值得以体现，这里需要我们做出很多努力。

我提出了真正践行 ESG 的难点，也就是"四化"，而实现 ESG 的"四化"应充分发挥学术研究的重要作用，上海财经大学（下称财大）已经在这条路上走在前面，既计划推出 ESG 的课程，还建立了 ESG 研究院，并在今天举办了这场非常有意义的论坛。我相信可以依靠财大，以及财大和其他单位或机构的合作，真正推动 ESG 方面的学术研究，为国内 ESG 实践活动和企业践行 ESG 提供强大的学术和智力支撑。

大家都知道传统的经济学理论非常成熟，但这并不完全适用于发展中国家的经济发展。因此，有了发展经济学，刘易斯为研究发展中国家如何实现经济发展，创立了发展经济学，且这项学科出来以后确实对全球产生了深刻的影响，并不仅仅局限于学术影响，还在真正推动发展中国家的经济增长方面起到了重要作用。刘易斯是诺贝尔经济学奖的获得者，当然后续还有不少专门研究发展经济学的某些具体领域的研究者也获得了诺贝尔奖。所以我现在提出的 ESG"四化"，从这个意义上讲应当专门致力于创立、发展和完善一门叫作"可持续发展经济学"的学科。"可持续发展经济学"和"发展经济学"不一样，前者不仅关注经济发展，同时还关注可持续发展，在发展经济学理论的意义上，这是一个从经济学到发展经济学，再到可持续发展经济学的跨越，这是顺应全球可持续发展的需要，能够为中国自身的高质量发展和可持续发展提供学术支撑。因此，ESG 的基本理论学术研究，作为可持续发展经济学的一门学科或者一个分支，应该显示强大的生命力。

第二讲　如何擘画和大写 ESG 的“G”[1]

王忠民[2]

一、ESG 金融解决方案的第一层逻辑

如果 ESG 已经成为一个需要设置专门研究机构的主题，并且今天全社会对 ESG 的共识已经转化为全社会的行动，而这个行动不仅在学术机构，也在市场主体和社会的普遍行为中得以有效体现，那么，在 ESG 三个字母的排序中和 ESG 每一个字母的书写方式中，是否存在需要加重的色彩和拓展的空间？为此，今天我的演讲主题是“如何擘画和大写 ESG 的‘G’”。

如果直接把一个机构在 ESG 中的金融涉及规模和产生的效应规模做比较，会发现金融涉及规模和产生的效应规模居然是不对称的，即金融涉及规模最大的反而是社会效应中规模最小的，这个结果说明目前这方面的测评标准和测评的逻辑体系方法中存在非常典型的问题。因此，我今天的主题是要把 G 从 ESG 的第三位调整到第一位，把以简单色彩描出的 ESG 中的“G”变成大写的 G，而且是绿色的 G。

毫无疑问，今天我们能够看到大众对于 ESG 的逻辑已经形成了价值认同，但这种价值认同要想变成全面的行为和社会实践，一定还有艰难的路要走。尽管最早在全球范围内有《京都议定书》、最新有《巴黎协定》，但从起始的全球共识协定和最新的议定角度中，我们看到各国主要经济体的主要领导所讨论、争论与落实的焦点和每个国家在自己的 ESG 领域中真正的实践方案是完全不同的。而习近平总书记在《巴黎协定》之后提出的“3060”目标，则把中国在这当中的责任和义务明确为“碳达峰”“碳中和”的实践。但其他国家，特别是几大经济体并没有给出明确的解决方案。

如果我们把 Governance 中要落实到主要经济体中的难题转换成 Governance 中的逻辑选择，如果我们用预算的方法测算出每一个家庭、每一个人、每一个经济主体和非经济主体

---

[1] 本文为 2023 年 11 月 11 日上海财经大学 106 周年校庆论坛暨首届 ESG 创新论坛的主旨演讲内容，本次论坛主题为“中国式现代化征程中的 ESG”。演讲内容由任昱昭整理成文。

[2] 深圳市金融稳定发展研究院理事长、全国社会保障基金理事会原副理事长。

每年的耗电量、排放量等数据，我们就可以给出一个倡议，从而引导低碳、减排的行为。但在现实中，这样的行为逻辑要么收效甚微，要么产生了一些信息扭曲。针对这一问题，上海财经大学和最新的中央金融工作会议中都给出了一种经济解决方案，即一切良好的社会目标都需要和金融有效地结合在一起，用金融手段去支持、构建、服务于这样的目标。

今天 ESG 的金融解决方案，是把人类最大的外部性（即环境污染）转化为 Accounting Balance Sheet，把外部化的问题内部化，把不可测量、不可预计、不可控制、不可约束的行为变成成本收益之间的对称性问题，用内部化的方式来解决，这是时代的逻辑。当然，在提出社会成本与社会收益、私人成本与私人收益之间的内部化金融解决方案，以及外部性的一切社会方案时，我们找到了冲突点，倘若不使用金融的方法解决这一问题，外部性改变的进程将推迟，工程难度将增大。而我们强调的内部化，无非是为这一问题找到市场化的解决方案。

正好上海是中国碳排放交易权市场的所在地，也是今年恢复全国温室气体自愿减排交易（CCER）市场的地区之一。如果气候变化的元凶是碳排放，那就可以把所有的碳排放足迹都计算清楚，通过内部化的方式构建一个碳排放交易权市场，并且在这个市场中让所有排放碳的人都付出相应的成本，而所有减排的人都得到相应的收益。这个 Account Balance Sheet 里面，不同主体之间的均衡逻辑，应该是历史性的、内部化的交易逻辑所给出的新时代环境污染的最优解决方案。进一步地，如果环境污染除了碳排放以外还有其他内容，那我们就把任何一个外部性的东西都用经济的解决方案予以内部化。

在今天的市场中，除了碳排放之外，我们也可以看到所有的东西都在一个系统、一个链条内逐步大力解决。那么，这个解决方案是否能形成系统性？实际上，如果把一株草、一棵树、一片水、一片林，甚至是一次出行、一次消费、一次购买等都纳入 CCER 市场，即把碳排放交易权市场构建主体的主要矛盾和每个人行动中的点点滴滴全部内部化到一个市场的体系当中，就可以把碳排放问题用市场逻辑和机制有效解决。而我们今天做的无非是让市场机制尽早、尽快、最优、最实质性地发生作用，具体体现在碳排放交易权市场中，就是将环境污染解决思路，最快地应用到其他的污染品种。

最近上海发生了一个案例，当年的化工企业在某一地块中有可能对土地造成了污染，因此企业在土地交易的过程中，就必须把治理污染所需要的时间和费用测算清楚，并且把这些信息披露出来加以有效治理。正是由于当年对这些问题的忽视，才导致今天这一问题的爆发和扩大。而土壤污染在污染领域中是一个不容忽视的问题，只有把土壤污染数据化，再用市场机制内部解决，才是最优的解决方案。

二、ESG 金融解决方案的第二层逻辑

第二层逻辑是这种方法的市场构建逻辑和基础体现在哪里。首先我们来看市场构建逻辑。如果我们有一个宏大的市场减排的社会目标，比如“3060”目标，那么在目标确立的

情况下，怎么才能在今天的交易逻辑和金融解决方案中尽快实现？这时就需要宏观决策主体给出一个总量目标，并且把总量的目标价格定价到这个程度，使得污染的企业和个人等其他主体付出相应的成本，做贡献的其他绿色企业因为他们的付费而获得收益。而当交易价格足够高时，我们就足以通过这个路径来加快实现社会进步的步伐。

按照这个逻辑，今天上海碳排放交易权最新的价格只有每吨80多元人民币。按照这个过低的价格，“3060”目标有可能会滞后完成。因此，这个系统中关于标准、指标、体系的构建才是今天宏观主体的核心任务。而这个核心任务离不开社会第三方信用、服务、检测、再测评等一系列体系的构建，比如在社会公信力及其数据披露之后，应该担当的责任是否担当？应该获得的收益是否收益？这才是对Governance的有效助力。

谈到这里，我们需要对Governance的逻辑进行一次升维。过去我们在ESG中，不仅把G排在第三位，而且把Governance主要理解为企业治理，但事实上刚才所讲的Type和标准的基准逻辑以及第三方机构的逻辑显然是Social Governance应有的主题和定义。如果一个有效的CCER市场不断扩充，一个有效的碳排放交易市场不断拓展到其他的污染物和污染行为的市场逻辑构建，那么今天在财经类院校中就完成了From accounting to balance sheet的历史性构建，即任何一个在地球上生产、生活、行动的市场主体或非市场主体，其行为都符合碳排放中的成本和收益逻辑，从而构建出全社会的一个会计核算系统、账户系统和资产负债表系统，这才是我们今天从财经的角度构建市场逻辑的核心所在。比如在垃圾减排、垃圾回收的题目中，如果你的一切垃圾都可以变成另外一个生产企业的生产资料元素，或者你自己用它生产出另一个可用的分解综合类元素，就可以增加收入来源；如果是企业，则会为它变废为宝增加一个有效的逻辑。

此外，市场化的解决方案更在于渗透到每一个市场主体当中。如果Accounting Balance Sheet可以渗透到每一个微观主体中，甚至可以达到Everything everywhere all at once的逻辑时，它可以调动的社会资源一定是无限的，并且它可以存储的社会成本也一定是无处不在的。

三、进一步思考

进一步来讲，一旦有了这样的市场逻辑，便会开始出现两层金融逻辑。如果从主题基金的角度来看，我们就会发现在主题基金的投资领域中，无论是尽调的标准，还是实施的方案，我们更应该看到的是上海交易所的存在。如果从IPO的角度，从上市公司或非上市公司的角度，从所有主体的角度去看待这些问题，我们就会发现只有从私募股权端、早期投资端再到IPO的上市公司端，从上市公司的股东行为、投资行为、经营行为、产品行为到董事会行为等一切行为都纳入这一层考虑，以及金融领域中从货币的流动性，到债权、股权360度都涉及其中的时候，ESG才能深度融入不同金融行为的各个阶段。

如果说这一层级是建立在前面市场逻辑之上的金融延展，第二层级的延展就显得尤为重要。我们会发现今天企业的“洗绿”“漂绿”行为很多，针对这一现象，有一个解决方案，即如果二级市场上欺诈上市、信息披露违规的事情逐步增加，所有的市场性机构，包括学术机构都可以揭露它。在美国，市场中就专门设有一个机构做这样的事情。当企业“洗绿”“漂绿”的事件足够多时，中国出现类似的 ESG 机构就可以在这个领域中大把挣钱。这是因为当这一行为太过普遍时，就会被人轻易地发现问题，这时我们便会发现当这个层面的一些东西开始出现时，ESG 信用端的市场金融化逻辑得到了全面爆发。

此外，我们还可以思考当初期的一级市场中产生了主题基金，产生了 ETF、指数权重投资等时，是否可以把它信用化？比如，可否存在 ESG 期货？因为只有在 ESG 标准和基础市场规范有效的情况下，才会产生刚才所说的低层次金融市场的有效和爆发，才能使信用逻辑中产生的金融期货在 ESG 期货中诞生。而一旦有了 ESG 期货，就可以让金融机构在从事 ESG 投资时的风险对冲和套期保值的逻辑全部得以实现。

进一步地，如果我们把期货放到远期合约的一些逻辑当中，不仅可以打击“洗绿”“漂绿”行为，还可以规范未来 ESG 投资领域的金融风险，即通过风险市场不仅实现了信用的延展，而且让其中的风险变得可交易。我们继续往下延展，这种逻辑不仅可以用在企业的信用当中，还可以用在债权和股权市场当中，甚至可以用在银票的逻辑当中，也就是把短期支付的一些信用放入由 ESG 信用所构建的延展市场中有效运行。

今天我们需要说的是，对于碳化交易权和 CCER 而言，它的市场机制决定了决策层面的 Type 和基础标准的形成，而第三方的服务机构和全社会任何主体的 Accounting 介入共同构成了它的底层逻辑。深层逻辑则是调动一切社会资源，约束一切社会行为，在这样的逻辑当中，可以产生出自身的 Accounting 和 Balance Sheet。而更深的金融逻辑不仅是金融可以服务它，而且要让金融中的信用市场、衍生市场、再交易市场都可以围绕它有效构建。

这时我们再回过头来看 ESG 中的“G”时，就会发现它不仅可以把环境、社会责任分解到每一个人，还可以将每一个人再结合成一个巨大的行为逻辑，且这一过程嵌套在行动的成本收益平衡表中。因此，G 应该是大写的，而且这个大写是逐步深化的。这样的一个逻辑层面其实是为市场中的任何一个主体找到自己的行为逻辑和行为方向，也找准决定这种行为逻辑和行为方向成败的成本收益核算。最后，我们发现社会为实现 ESG 目标的 G 居然是绿色的，居然是花钱最小的，居然是浪费社会资源最少的，居然是产生社会效应最大的。

另外，需要注意的是，ESG 的 G 自身也要满足 ESG 的目标，才能彰显出自己的魅力和未来。总之，我们必须把 G 排在第一位，而且必须大写，必须给 G 一个最典型的绿色 LOGO，才不负这个时代，不负金融人给出的时代解决方案。

第三讲　资源要素市场化配置和“双碳”目标的实现①

赖晓明②

碳市场是一项重要政策工具和重大机制创新，如何准确把握减排和发展的关系，坚持政府和市场两手发力，按照建设统一大市场的目标和要求，推动建成健康繁荣的碳市场具有重要意义。本次演讲主要从碳市场的定位、建设过程中的探索和实践、碳普惠建设推进情况和未来建设工作考虑等方面对碳市场相关内容予以介绍。

一、碳市场的定位

全国碳市场于 2021 年 7 月 16 日启动，并受到了社会各界的广泛关注。总体而言，碳市场具备两个层面的特点，它既是一个重要的政策工具，也是一个重要的市场机制。

首先，碳市场是重要的政策工具。我们知道碳排放问题是一个外部性问题，实现将这一外部性内部化的过程首先要靠市场的推动。因为企业从自身内部出发，将外部成本内化为自身成本的动力是远远不足的，因而企业很难自发地将污染转换为自身成本，将碳排放转化为企业内部成本，从而实现减少污染和保护环境。因此，解决企业排放的外部性问题需要依赖于外部政策推动。减排就是从国际合作和国际政策制定、推进出发，随后演化成国内的相关政策，再进一步演变成为市场行动。

通过碳减排以应对气候变化，从全球共识转化为切实行动，经历了比较漫长的过程。我们从 20 世纪 80 年代左右就开始研究应对气候变化的工作，从应对气候变化框架公约的签订到《京都议定书》《坎昆协议》，以及到 2015 年的《巴黎协定》。我认为碳减排真正在全球范围内成为市场和企业的共同行动是在《巴黎协定》之后，因为《巴黎协定》首次明确了全球气候治理的世纪目标。而《京都议定书》和《坎昆协议》只明确了阶段性的目标。具体而言，《京都协定书》的目标明确到 2012 年，《坎昆协议》是过渡性的，明确至 2020 年之前的治理目标，而《巴黎协定》中应对气候变化的目标是到 21 世纪末将全球升温至少控制在 2 度以内，

---

① 本文为 2023 年 11 月 11 日上海财经大学 106 周年校庆论坛暨首届 ESG 创新论坛的主旨演讲内容，本次论坛主题为“中国式现代化征程中的 ESG”。演讲内容由池雨乐整理成文。

② 上海环境能源交易所董事长。

尽量争取控制在 1.5 度以内,同时也明确了由国家自主贡献和控制排放相组合的方式。

以前在碳减排工作中,发达国家和发展中国家总是相互博弈和斗争,希望能让对方多做一些贡献,而自己少承担一些。而现在是全球自主贡献,比如我们国家每五年会向全球报告一次,并提出我们自主贡献的目标。政策明确后就会带动市场行动。之前由于国际和国内的相关政策不清晰,目标不明确,因此企业并不知道该如何做、做到什么程度。当然,这不是说企业没做碳减排工作,事实上这几十年企业一直在行动,但企业真正大规模地开始行动是在全球治理政策明确之后,所以碳市场是一项政策工具。

同时,它还是市场机制。党中央提出市场是决定资源分配的决定性力量,我们也知道市场是资源配置最有效的工具,因而碳交易、碳减排量和碳配额在碳排放控制的大政策下就是一种重要的市场资源。

如何来配置市场资源? 用碳市场碳定价的方式来解决。我们在讲通过内部化方式解决外部性问题的时候,这个内部化的过程到底如何价值化是很重要的,而通过市场工具就能够实现价值化。在碳排放控制的大政策下,碳成为一种生产要素(先不从经济学理论的严谨性角度讨论),因为我们会对控排企业(排放量大的企业)发放配额,而配额就决定了企业的产能空间。在这一政策下,对控排企业来说,并不是企业有钱、有设备、有市场就能生产,还要看企业是否有排放权——没有排放权就需要购买,买不到就要承担更高的代价。对于减排企业来说,企业也可以自发减排,比如发展新能源项目等,我们需要有激励企业做这些工作的机制。比如企业植树造林、发展新能源等项目产生的减排量可以通过碳市场变现,从而实现价值,这也是一种资源分配和价值实现的方式。实际上碳市场就是通过这两种机制来推动减排。

碳市场是一种市场机制,它如何更有效地发挥作用? 这依赖于这一机制是否完善,是否高效运转。全国碳市场于 2021 年启动,当然在此之前我国的碳市场建设还经历过试点时期,试点工作从 2013 年全国七个省市开始。鉴于碳市场建设的复杂性,这并非简单地建立一个市场并按照预想执行,还涉及经济转型、经济持续发展和企业转型等诸多内容,所以它变得相当复杂。

习近平总书记在 2023 年 7 月的全国环保大会就碳市场发展问题做出了明确的指示,提出要“建成更加有效、更具活力、更具国际影响力的碳市场”。这一指示也对碳市场的下一步发展和充分发挥市场功能提出了明确的要求,也是建设者工作和奋斗的目标。

二、中国碳市场建设的探索和实践

中国碳市场建设的重要探索和实践主要包括三大方面:全国碳市场运行、地方碳交易试点和中国自愿减排市场。下面将具体介绍各个市场的整体运行情况。

(一)全国碳市场运行

全国碳市场运行至今已经有两年多的时间了,目前成交量突破了 4 亿多吨,成交额为

220亿元，整个市场也随着行情在变化，具体情况如图1所示。可以看出，碳价刚开盘时为48元每吨，在短时间内下调至42～43元每吨，长期来看稳定在55～60元每吨，到2023年7月之后价格明显上升，并在三个月左右的时间内上升了40%多，碳价最高达到82元每吨，直至2023年10月下旬之后有所回调，现在应该是72元每吨左右的水平。

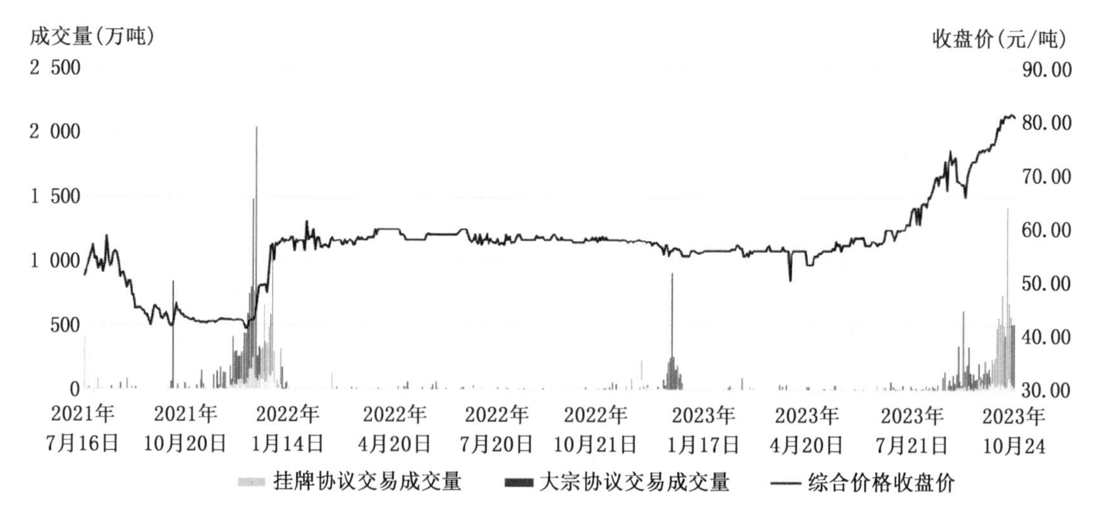

图1　全国碳市场成交量和收盘价的时间趋势

从图1中能发现碳市场交易分布非常不均衡，能明显看出三个比较集中的时间点：2021年12月、2022年年底和2023年8月至今。这三个时间比较集中，是因为企业开始履约了，尤其是2021年第一个履约期。企业在年底履约的行为导致集中交易，在一个月内的交易量占了整个下半年交易量的90%以上，甚至一天的最高交易量达到2 200万吨。

2021年成交量比较少，是因为2021年经济形势受到疫情影响，导致企业推迟履约，无需在2021年年底就完成履约。但企业仍有碳交易行为，这些交易的主要参与者是发电厂，而发电厂在这两年的效益不太好，既要承担社会责任，又面临较高煤价，有相当多的企业出现了严重亏损，因此他们在年底时为了改善财务报表选择卖出配额形成收益。我们在2021年年末也看到了一定的交易量，这说明企业将碳配额作为一种资产在运作并获得收益。

2023年整体交易启动比较早，于7月开始便陆续发生，这是什么原因？首先是今年7月生态环境部发布了2023年的履约通知。其次是在今年8月份，第二阶段的配额分配启动，企业账户中有配额，所以能够更早地启动交易。最后也是更重要的一点，企业经过了一两年的碳市场参与，其碳管理意识和碳交易意识得到了明显提升，因此不会都集中在年底交易。

我记得有三个月的交易增长是非常快的，8月交易量大概是1 000万吨，9月是3 500万吨，10月是9 000多万吨，且该月的交易量占全年交易量(截至当年10月)的70%左右，直到11月有所回落，在价格和交易量方面均是如此。为什么会出现这一现象？我们了解到今年生态环境部特别对企业履约提出了要求，期望大部分企业在10月底前完成履约，现初步估算超过70%的企业已经履约，因此交易量和价格在此之后开始回落。

现在碳市场的规划纳入了八大行业，除了发电行业以外，还有建材、钢铁、有色、化工、造纸和民航等，大家非常关心其他行业何时能够纳入规划？主管部门正在加快推进这一工作。在11月8日由生态环境部、上海市政府和湖北省政府共同举办的首届中国碳市场大会上，很多专家和主管部门的领导就相关的市场建设专题进行了重要报告，其中对行业扩容的问题也提出了几个原则。先扩容哪些行业？第一，排放量权重比较大的行业，即对整个市场的减排工作有较大影响的行业。第二，产能相对过剩但能够通过减排约束实现加速转型和削减过剩产能的企业，像水泥和钢铁等都是产能比较过剩的行业。第三，数据比较完整的行业，这里是指数据基础比较好，配额分配基础比较好，能够比较科学地分配的行业。第四，相应的核算方法学准备比较充分的行业。

（二）地方碳交易试点

前面已经说到全国碳市场建立之前有区域碳市场，现在这些区域碳市场仍在持续运行。地方碳市场共有八个，包括2013年的七个区域试点和后来增加的福建。区域碳市场自2013年启动交易以来，总的碳配额交易量达到6亿多吨，成交额为172亿元。实际上中国区域碳市场的配额规模并不低，按配额规模来算是全球第三，仅次于中国的全国碳市场和欧盟碳市场，其中，欧盟碳市场的配额量大概是一年15亿吨，中国全国碳市场的配额交易量在第二个履约周期超过50亿吨（一个年度），仅仅是发电行业就超过50亿吨。回到区域碳市场上，其碳配额交易量最高的时候达到14亿吨，在发电行业归入全国碳市场以后可能不到10亿吨，但其规模仍非常大。

关于地方碳交易试点主要有两点说明：其一是区域碳市场在全国碳市场启动后还要持续运营；其二是以上海区域碳市场为例，它囊括了28个行业的三百多家企业，所有的工业行业，比如水运、航空和建筑行业等都纳入了上海碳交易市场。上海碳市场历经了长时期的建设过程，在屠光绍市长的领导下做了很多工作以推动市场建设，可以说在全国区域试点中做得比较好的，唯一一个连续9年和在今年（第十年）实现100%履约的就是上海碳市场。

（三）中国自愿减排市场

中国自愿减排交易市场（或称CCER市场）于2015年启动，并在2017年3月终止签发新的CCER配额，此后基本没有新的核证减排量。到目前来说，CCER总的配额签发量是7 600万吨，现在市面上已经存量不多。在这个月我们国家就会重新启动新的CCER配额交易，重建整个机制，尤其是方法学，原来200多个方法学现在全部都要废止，并按照产业结构的变化和国家具体情况重新构建方法学。已经公布的第一批方法学包括四个：空地造林、红树林的养护、集中式光热并网发电和海上风电的并网，后续也将公布其他的方法学。

大家比较关心CCER是因为它的覆盖面更广，碳配额市场只是针对大排放企业，而CCER配额则是面向整个市场，只要企业做减排并且能够符合其标准，就可以申请CCER

配额。这里提到的“标准”具体是什么？需要重视的是，不是所有的减排项目都能转化成 CCER 配额和减排权益，它是有一定标准的，主要涉及三大原则：

第一个原则，真实性。首先这个项目需要是真实的，不能是虚假的。

第二个原则，唯一性。减排体系有很多方法学和规则体系，有国家的 CCER 体系，有独立第三方的体系，有国际市场成立的标准体系，比如 VCS、GS 和 CDM 等，都是用不同的计算方法或计算标准体系测算减排项目的减排量。唯一性是指这个项目只能申请一个体系，比如申请了 CCER 配额就不能申请 VCS 和 GS，不允许用同一个项目在这个体系上计算减排量并卖钱，又在另一体系上计算减排量并卖钱，即重复计算是不允许的。

第三个原则，额外性。额外性是指减排量机制体系应当是为了支持减排项目发展的额外收益和补充，如果这个项目的经济收益比较好，本身就很赚钱，还想要通过这一机制获得额外的收益，就不符合这个体系的本意。所以“额外性”是指这个项目本身可能是亏损的或是微利的，因而可以申请 CCER 机制来获得额外收益，以鼓励项目的发展。很多人问经营一片葡萄园或茶园能否申请碳汇卖减排量？经济领域是不会允许这么做的。包括现在集中式的光伏和风电都已经从原来需要国家补贴的项目成为比较好的投资项目了，因此也不能用来申请 CCER 配额，其他的减排体系也不会同意这样的申请。

三、碳普惠建设

碳普惠就是鼓励全社会参与减排的机制，上海市 9 月发布了碳普惠的行动方案和相应规则，接下来会进一步推动上海碳普惠建设，包括长三角碳普惠互联互通的工作。

碳金融大家也经常提到，按照证监会公布的标准，碳金融包括三个部分：交易工具、融资工具和市场支持工具。我们谈论碳金融时比较关心如何在碳市场实现金融化。我们国家对碳市场的定位，主要是现货市场而不是金融市场，它仍是以服务实体经济和服务企业减排为第一需求的市场，不强调它的金融属性和金融化，也不是按照证券的集中竞价交易方式交易，参与主体也不会允许个人参与碳市场。但碳市场可以借鉴金融市场的一些经验和方法，以进一步增强其市场功能。

比如地方市场中采取的借碳交易，就是借鉴了金融市场的融券机制，没有碳配额也可以通过借碳机制，从有的企业手中借来进行市场交易。上海于 11 月 1 日推出的买入回购就借鉴了金融市场的交易方式。2017 年，上海环交所和清算所合作推出了国内目前唯一的碳配额远期交易，是以上海碳配额作为标的的远期交易，它以标准化的交易方式，由中央对手清算，也是借鉴了金融化的方式。总而言之，我们对碳市场的定位还是一个现货市场，以服务实体经济为主，但仍可以借鉴金融市场的一些经验。

但欧洲市场不一样，他们是完全金融化的市场，期货交易和衍生品交易占了 95%以上；一年交易总额将近 7 000 亿欧元，大部分也是来源于期货交易和衍生品交易，所以金融机构在其中非常活跃。

碳金融和与金融机构的合作，可以服务于金融机构围绕着减排和双碳进行一些相应的服务创新，比如碳质押贷款，像我们交易所已经和十几家银行做过碳质押贷款，提供支撑和冻结服务。其他碳市场支持工具还包括碳保险、碳股票指数和相应的基金信托等，其中碳股票指数是指2022年证监会审批的指数基金。ETF产品首批规模超160亿元，现在于上交所和深交所的交易规模突破了800亿元。我们在这方面一直与金融机构密切合作，以推动和服务更多的资金来导向节能减排。

四、未来碳市场建设工作方向

下面简单向大家报告下一步碳市场建设的想法和思考，主要围绕习近平总书记提出的三个“更加”作为总体要求，李强总理在上海时也指出上海要建设有国际影响力的碳交易中心、碳定价中心、碳金融中心。按照这些要求，我们想从三个大方向来推动市场的进一步建设。

第一，抓紧和完善顶层设计，筑牢统一碳市场基础。

在总体规划上，要尽快出台全国碳市场发展路线图，当然这是生态环境部要做的。

在政策体系上，需要尽快出台国务院条例，这个条例连续三年都纳入国务院立法，所以它非常重要，它的出台将作为碳资产属性定义和碳市场执法的重要依据。比如现在只有生态环境部的试行办法，如果企业不清缴履约，最多只罚3万元，所以第一个履约期的履约率按企业数来讲大概是95%，说明约有5%的企业没有履约，履约率不高。但条例出来以后可以将处罚金额提高到碳价的5～10倍，那么惩罚力度将非常大。

配套政策也应随之完善，比如说碳交易如何交税？目前没有明确规定，财政部只公布了如何记账，并未对交税做出具体规定，比如交易手续费等，现在都是免费服务，不收手续费的。

在司法处置上，这一两年来的司法处置需求越来越多，我们配合了很多地方法院冻结碳账户，但这中间有个问题，即当市场上出现司法纠纷时，应优先为企业履约提供保障，还是优先让企业偿付债务？如果要以偿付债务为先，就要冻结企业的配额账户和资金账户，进而导致履约无法实现，所以这是一个问题。在实践中，一般还是两者都要考虑，这一点法院也能够理解，所以企业需要清缴履约时就可以清缴履约，但是不能进行买进、卖出和变现等转移资产类的操作。

在覆盖范围上，应逐步扩大行业的覆盖范围，进一步增加行业的多样性。

在数据质量上，应加强日常监管，这也是生态环境部高度重视的内容。目前中国的数据质量管理非常严谨，可以说是全球最严格的。

在市场管理上，要正确认识减排与发展的关系，理顺和加强碳减排和碳交易的政府管理体制以形成政策合力，同时完善“双碳”考核机制。具体而言，以前政府都有碳强度的考核目标，虽然企业的碳排放增加了，但通过购买碳配额抵消的合规行为仍可能对地方减排的碳强度目标产生影响，所以在政策上要相互协调。

第二，深化与完善市场功能，发挥市场对资源配置的决定性作用。

在深化市场功能方面，首先要在配额管理上形成常态化的配额分配政策，所以政策的可预测性非常重要，这是市场稳定运行的前提。因此应逐步引入有偿分配，建立配额的一级分配市场。我国目前的碳配额分配是无偿的、免费的；而欧洲的发电行业全是有偿发放，其工业行业也有小部分的有偿发放。简言之，配额管理上要明确一级市场非常重要，且一级市场和二级市场应相互配合，以增强定价的有效性。

在市场定位上要牢牢把握政策工具定位，稳步发展碳金融。在市场机制上，应丰富交易主体、品种和方式，逐步引入市场调节机制。在市场创新方面，有序推动质押、回购、借碳和远期等碳金融创新业务，并进一步减少市场的信息壁垒。目前碳市场信息发布的标准仍未出台，信息发布透明度亟待加强。现在很多单位总是觉得能耗和碳排放属于有涉密风险的数据，或是比较敏感的数据，一般来说不公开发布。但是我想随着ESG报告的逐步发展，这方面数据甚至可能会成为强制性的要求，因此碳排放信息发布也要建立这样的标准。

深化与完善市场功能还应重视培育和发展市场主体，这是目前市场发展的重要瓶颈。市场相关主体，如碳审计、碳核查、碳咨询等中介服务机构的相对力量不足，需要进一步发展和培养人才。

第三，加强统筹协调整体与局部、国内与国际，加快形成统一大市场建设。

加快建设全国统一大市场的重点之一是做好各个市场之间的衔接工作。因为现在各方面都非常关注减排问题，所以现在和环境权益相关的市场非常多。除了碳市场以外，我国还有绿电、绿证和用能权的交易，在交通领域还有汽车积分的交易等，而这些市场之间实际上存在一些重叠。比如之前讲到的太阳能集中发电不进入CCER市场和碳市场，但可以算作绿电。一般来说，企业购买绿电是为了抵减碳排放，但这在碳市场中并不允许抵减，因为其中的计算标准不同；而电力排放因子是把绿电和绿证考虑其中的，如果再用绿电扣减一次，就等于重复计算。再比如现在CCER新增的海上并网风电和光热并网发电项目，这些项目列入CCER的范围，那么绿电是不是也要列入考虑范围？不同的市场之间如何协调，既能做好衔接工作，又能避免重复计算是非常重要的。

此外，我们还要探索建立国际与国内的合作。《巴黎协定》提出要启动全球统一的减排量市场建设，按照目前的时间规划将于2030年形成。在全球统一的减排量市场形成以后，国内碳市场如何与之衔接，尤其是国内的企业如何参与全球的减排投资和交易活动，都是非常重要的内容。这还与未来的国家自主贡献挂钩，国内企业按照《巴黎协定》的全球市场规则，投资到境外产生的减排量是否可以拿回来作为中国的国家自主贡献？现在的规则允许这些具体内容可以在国际谈判中进一步确定，如果允许的话就能够更好地鼓励中国企业，特别是新能源企业去国际市场投资，参与国际碳市场，获得的投资收益同时还能作为我国的自主贡献。

总体而言，全国碳市场仍处于发展初期阶段，其下一步发展最重要的是增强多样性和多层次性，并具备一定的市场弹性。目前，碳市场的需求是刚性的；参与的行业是单一的；参与目的也比较单一，以履约为主；参与主体主要为履约主体，不包括非履约主体的参与。这些问题都是下一步要逐一克服的，从而使这个市场具备多样性和充分弹性，进一步健全碳市场功能，有效化其市场定价，最终得以逐步实现习近平总书记指出的“更加有效、更有活力、更具国际影响力的碳市场”。

第四讲　碳中和与中国式现代化[①]

陈诗一[②]

随着全球气候变化的日益加剧和环境问题的不断凸显，碳中和已经成为全球发展的重要议题。在此背景下，中国也在积极推动碳中和的进程。本文围绕碳中和与中国式现代化这一主题，深入阐述了人与自然和谐共生在中国式现代化全过程中的重要性，强调了实现碳中和是人与自然和谐共生现代化的应有之义。本文通过剖析碳中和与中国式现代化相互影响、相互促进的关系，展示我国未来的经济发展与现代化展望，也指出实现碳中和所面临的巨大挑战以及必要性。此外，还深入探讨如何实现碳中和与中国式现代化，提出积极推动新型工业化、能源技术变革与绿色投融资等措施，展示生产规模效应、能源效率效应、清洁能源替代效应等对碳减排的作用，并探讨未来电力工业和非电力工业碳减排的技术路径。本文旨在提供一个更加全面、深入地认识碳中和与中国式现代化关系的理论框架，也为我们在碳中和进程中探索更加可行的技术路径和政策措施提供参考和借鉴。

一、人与自然和谐共生贯穿于中国式现代化全方位全过程

(一)人与自然和谐共生是实现中国式现代化的必要条件

生态文明建设、绿色发展以及人与自然和谐共生是各地建设中国式现代化的必要条件和先决条件。如果我们不能保护好环境，与自然和谐共生，那么所有的现代化建设都将难以为继。因此，人与自然和谐共生是实现中国现代化的必要条件。习近平生态文明思想是习近平新时代中国特色社会主义思想的重要组成部分，其中最为鲜明的主题是人与自然所组成的生态共同体。习近平生态文明思想继承和创新了马克思主义生态文明思想，传承了“天人合一”“道法自然”“取之有度”的优秀文化传统，是对西方以资本为中心、物质主义膨胀、先污染后治理的现代化发展路径的批判与超越。习近平生态文明思想指出，生态文明

---

① 本文为 2023 年 3 月 24 日上海财经大学富国 ESG 系列讲座第 1 期讲座内容，由高琦整理成文。

② 复旦大学特聘教授、复旦大学可持续发展研究中心与绿色金融研究中心主任。

是工业文明发展到一定阶段的产物，使生态文明成为人类文明新形态的核心要件和鲜明特质。

党的二十大报告明确提出，中国式现代化是中国共产党领导的社会主义现代化，既有各国现代化的共同特征，更有基于自己国情的中国特色。其中强调，中国式现代化是人与自然和谐共生的现代化。为了实现人与自然的和谐共生，中国特色社会主义将“五位一体”总体布局作为指导思想，即统筹推进经济建设、政治建设、文化建设、社会建设和生态文明建设。“五位一体”不是一种并行发展、没有交集的建设，而是生态文明建设和其他建设相互交流，形成了一体化的整体。因此，人与自然的和谐共生、绿色发展与中国式现代化的关系贯穿于整个中国式现代化的全方位、全过程。

（二）将生态文明建设融入发展新格局

环境和发展是密不可分的。人与自然和谐共生的现代化，是经济社会发展的全面绿色转型。因此，绿色发展和现代化是不可分割的。十九届五中全会指出，必须深入实施可持续发展战略，构建生态文明体系，促进经济社会发展全面绿色转型，建设人与自然和谐共生的现代化。十九届六中全会决议提出，生态文明建设是中华民族永续发展的关键大计，保护生态环境就是保护生产力，改善生态环境就是发展生产力，决不以牺牲环境为代价追求一时的经济增长。党的二十大报告强调，中国式现代化是人与自然和谐共生的现代化。大自然是人类赖以生存与发展的基本条件。尊重自然、顺应自然、保护自然是全面建设社会主义现代化国家的内在要求。必须牢固树立和践行“绿水青山就是金山银山”的理念，站在人与自然和谐共生的高度谋划发展。

近年来，环境保护与可持续发展的关系备受关注。习近平生态文明思想指引中国特色社会主义生态文明建设，是新时代中国特色社会主义思想的重要组成部分。该思想传承了马克思主义生态文明思想，且融合了中国优秀文化传统中“天人合一”“道法自然”的理念。它批判并超越了西方以资本和物质主义为中心、先污染后治理的现代化路径。党的二十大报告指出，中国式现代化的实现需要坚持中国共产党的领导，坚持中国特色社会主义，实现高质量发展，发展全过程人民民主，丰富人民精神世界，实现全体人民共同富裕，促进人与自然和谐共生，推动构建人类命运共同体，创造人类文明新形态。其中，高质量发展是实现中国式现代化的首要任务，应成为推进中国特色社会主义的主题，提高全要素生产率是其中的重要内容。

对于如何实现高质量发展，党的二十大报告指出，推动经济社会发展绿色化、低碳化是实现高质量发展的关键环节。总体来讲，要立足新发展阶段、贯彻新发展理念、构建新发展格局，“三位一体”推动高质量发展。习近平总书记进一步指出，发展新质生产力是推动高质量发展的内在要求和重要着力点。新质生产力的本质是先进生产力，要求创新起主导作用，符合新发展理念，以全要素生产率大幅提升为核心标志。而绿色发展是高质量发展的底色，新质生产力本身就是绿色生产力。

(三)新发展格局——中国推动高质量发展的关键途径

党的十九大报告中提出,发展是解决我国一切问题的基础和关键,发展必须是科学发展,必须坚定不移贯彻创新、协调、绿色、开放、共享的新发展理念。十九届六中全会决议中也指出,贯彻新发展理念是关系我国发展全局的一场深刻变革,不能简单以生产总值增长率论英雄,必须实现创新成为第一动力、协调成为内生特点、绿色成为普遍形态、开放成为必由之路、共享成为根本目的的高质量发展。

过去十几年的发展格局已经转到以国内大循环为主,国内国际双循环为辅。然而,如今,绿色发展已经成为构建新发展格局的必备要素。在新的发展阶段,我们要贯彻创新、协调、绿色、开放、共享的新发展理念,构建新发展格局,新发展格局是推动中国式现代化的主要途径。正如十九届六中全会讲话精神所示,新发展阶段贯彻新发展理念必然要求构建新发展格局:首先,要全面促进消费向绿色、健康、安全发展。其次,要打造新兴产业链,推动传统产业高端化、智能化、绿色化。同时,构建系统完备、高效实用、智能绿色、安全可靠的现代化基础设施体系。再次,秉持绿色、开放、廉洁理念,深化公共卫生、数字经济、绿色发展、科技教育合作,促进人文交流,推动共建“一带一路”高质量发展。最后,坚持推动人与自然是生命共同体,树立共同、综合、合作、可持续的新安全观,构筑尊崇自然、绿色发展的生态体系。

其中,对于消费,过去发展的路径以国内大众化为主,现在也要促进消费向绿色、健康、安全发展。基于国内大循环,产业供应的现代化水平要提高,推动传统产业高端化、智能化、绿色化,要求智能化与绿色化技术紧密联系。此外,现代化基础设施体系也要求智能绿色。对于国内国际双循环方面,推动“一带一路”高质量发展是首次涉及的。过去的高质量发展主要关注经济领域,而现在的高质量发展涉及了很多“一带一路”的领域。其中,在“一带一路”高质量发展中,绿色发展是重要的环节。在“一带一路”倡议提出之初,有一些错误的说法认为“一带一路”只是把中国落后的产能和污染产业转移到其他国家。实际上,“一带一路”的发展必须秉持绿色、可持续发展的理念,实现人类命运共同体、人与自然生命共同体的目标。做好国内国际双循环工作也是为发展新质生产力、推动高质量发展创造良好的国际环境。

二、实现碳中和是人与自然和谐共生现代化的应有之义

(一)积极推进碳达峰、碳中和行动

随着引导应对气候变化国际合作,中国越来越成为全球生态文明建设的重要参与者、贡献者和引领者。中国采取了积极的措施来实现碳达峰和碳中和,这也是实现中国式现代化的重要组成部分。为此,中国政府制定了计划,在2060年之前实现碳中和,并在21世纪中叶实现中国式现代化。

随着全球气候变化的加剧,中国政府积极推进碳达峰、碳中和行动,这是一项广泛而深

刻的经济社会系统性变革。党的二十大报告为双碳目标的实现做出了布局和指示。首先，立足于我国的能源资源禀赋，坚持先立后破，有计划分步骤地实施碳达峰行动。其次，完善能源消耗总量和强度的调控，重点控制化石能源消费，逐步转向碳排放总量和强度“双控”制度。同时，推动能源清洁低碳高效利用，在工业、建筑、交通等领域推进清洁低碳转型，深入推进能源革命，加强煤炭清洁高效利用，加大油气资源勘探开发和增储力度，加快规划建设新型能源体系，统筹水电开发和生态保护，积极安全有序地发展核电，加强能源产供储销体系建设，确保能源安全。此外，还要完善碳排放统计核算制度，健全碳排放权市场交易制度，提升生态系统碳汇能力。

（二）探索环境、能源和经济之间的平衡

在当今世界，环境问题已经成为全球共同关注的焦点。气候变化、空气、水、土壤污染等问题不断威胁着人类的生存和发展。然而，我们常常忽略了一个重要的事实，即所有环境问题背后都是人们对资源使用效率低下的结果。在生产和使用能源的过程中，由于效率低下，很多污染物质被排放到环境中，导致环境被严重破坏。因此，我们需要重新审视我们的发展方式，从传统工业文明转变为生态文明。这需要改变我们的生产方式和消费观念，并在经济政策、科技政策、产业政策、金融政策等多个方面全面调整。在经济发展过程中，必须着眼于经济发展方式的转型，实现经济发展理念的转变，以解决由于资源低效率使用带来的环境污染和生态破坏问题，其中，环境、能源和经济三个部分是必不可分的。

1. 中国经济发展情况

党的十八大以来我国经济实力实现历史性跃升，国内生产总值从 54 万亿元增长到 114 万亿元，经济总量占世界经济的比重达 18.5%，提高 7.2 个百分点，稳居世界第二位；人均国内生产总值从 39 800 元增加到 81 000 元；居民人均可支配收入从 16 500 元增加到 35 100 元。根据 2020 年世界银行国家富裕程度划分标准，中国已经从中等偏下收入国家转变为中等偏上收入国家，标志着中国经济快速发展的重要里程碑。为了全面建成社会主义现代化强国，中国经济总体战略安排分为两步：第一步，从 2020 年到 2035 年基本实现社会主义现代化；第二步，从 2035 年到 21 世纪中叶把我国建成富强民主文明和谐美丽的社会主义现代化强国。到 2035 年，中国的总体目标是实现人均国内生产总值迈上新的大台阶，达到中等发达国家水平，并进一步提高居民人均可支配收入，提高中等收入群体比重。

如图 1 所示，2000 年至 2021 年，中国 GDP 由 10 万亿元增加到 114 万亿元人民币，美国 GDP 由 85 万亿元增加到 150 万亿元人民币。2000 年中国 GDP 占美国 GDP 比重为 12%左右，2012 年占比为 50%左右，2021 年比重为 76%左右。基于一个简单预测，假定中国 2021—2035 年 GDP 年增长率设置为 4.5%，2036—2050 年中国 GDP 年增长率设置为 3%，美国 2021—2050 年 GDP 年增长率设置为 2%。2032 年中国 GDP 超过美国，到 2035 年中国 GDP 是美国的 1.1 倍，到 2050 年中国 GDP 是美国的 1.2 倍。

如图 2 所示，2000 年至 2021 年，中国人均 GDP 由 0.8 万元增加到 8.1 万元，美国人均

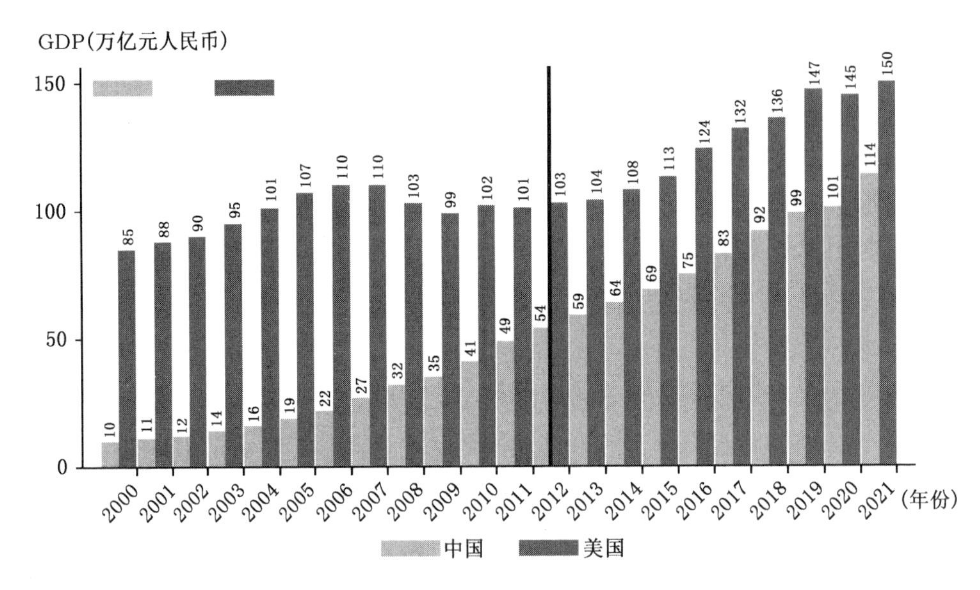

图1　2000—2021年中国和美国GDP统计①

GDP由30.1万元增加到45.3万元。2000年中国人均GDP占美国人均GDP比重为3%左右,2012年比重为13%左右,2021年比重为18%左右。同样基于预测,假定中国2021—2035年人均GDP年增长率设置为4.5%,2036—2050年中国人均GDP年增长率设置为3%,美国2021—2050年人均GDP年增长率设置为2%。2035年中国人均GDP为15万元,进入高收入国家行列,占美国的比重由2021年的18%上升为25%,2050年比重上升为29%。尽管中国经济已经取得了巨大的成功,然而我们也必须承认,中国仍然面临许多不可忽视的挑战和问题。为了更好地实现中国式现代化,中国需要进行能源转型和技术革命。

2.中国能源概况

党的二十大报告谈到新型工业化,必须包括绿色化、低碳化。由于化石能源燃烧是全球二氧化碳排放的主要来源,全球二氧化碳排放总量的90%都源自化石能源、燃烧,因此,二氧化碳和能源密不可分。目前,我国工业碳排放占碳排放总量的90%左右,其中,电力工业占工业碳排放的53%左右(见图3);在非电力工业中,钢铁、非金属制品、化学原料、石油化工、有色金属前五大高碳部门是主要的碳排放来源,占中国非电力工业部门碳排放的91%,而其他一般工业行业仅占剩余的9%(见图4)。

2020年,我国一次能源消费量达49.8亿吨标准煤,能源燃烧二氧化碳排放量为98.9亿吨,已成为世界第一大能源生产和消费国,也是全球二氧化碳排放第一大国。因此,实现碳中和需要首先推进能源转型。

---

① 数据来源:中国国家统计局网站和美国经济数据分析局(Bureau of Economic Analysis)。

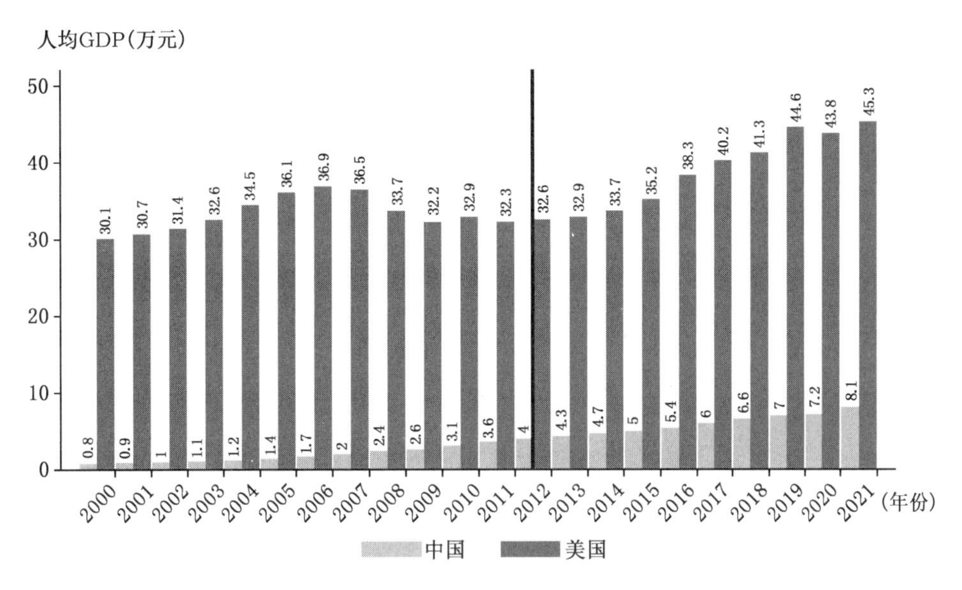

图 2 2020—2021 年中国和美国人均 GDP 统计值①

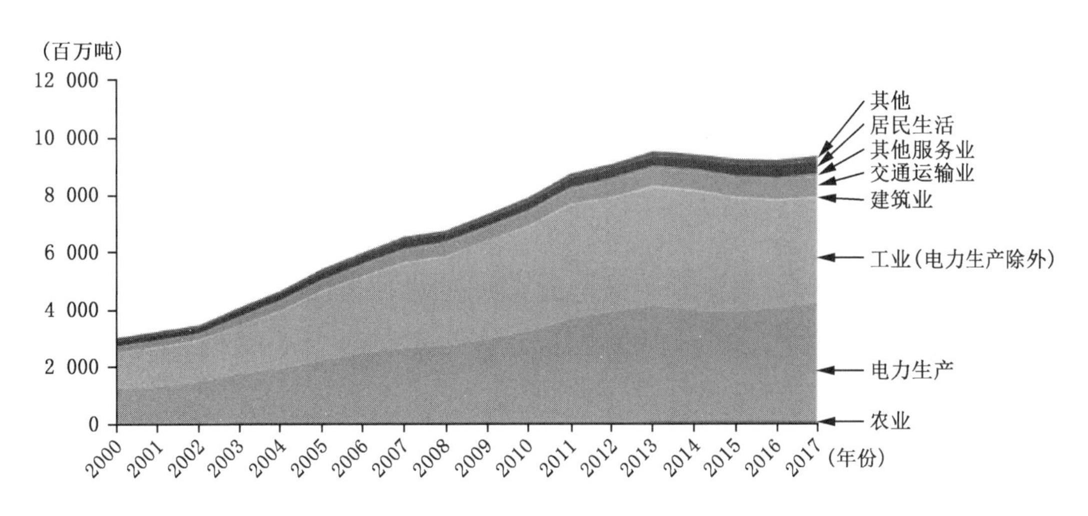

图 3 中国碳排放量趋势与部门构成

改革开放以来,我国能源消费与二氧化碳排放的变化经历了不同的阶段。第一阶段是1978 年至 1995 年,虽然初期有所波动,但总体上呈平稳增长趋势。第二阶段是 1996 年至2002 年,亚洲金融危机和国有企业改革放缓了经济增长,但同时也起到了节能减排的作用。第三阶段是 2003 年至 2011 年,随着城镇化和重化工业化的兴起,我国经济、能耗和碳排放进入了新一轮高速增长阶段。最后一阶段是 2012 年至今,由于经济结构转型、国际油价低

① 数据来源:中国国家统计局网站和美国经济数据分析局。

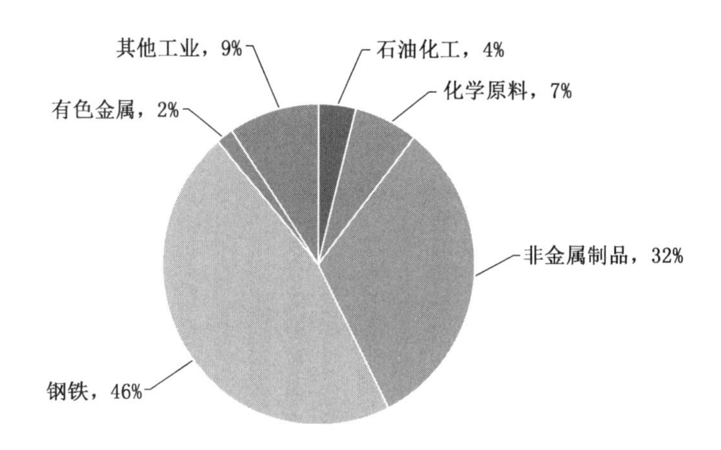

图4 中国非电力工业部门碳排放量构成

位震荡以及煤炭行业去产能等原因，能耗和碳排放均受到了较大的抑制。从能源消费结构来看，煤炭消费占比从1978年的70%左右下降到2020年的历史最低位56.8%，中间呈现出M形波动，非化石能源消费占比始终处于锯齿状波动上升状态，2020年达到15.9%的历史最高水平。

未来，中国面临着实现碳排放、能源消费和经济增长从同步到脱钩的巨大挑战。新能源将是未来的主要能源来源，消除了使用煤炭所带来的问题，但这需要对排放系统进行改进。虽然目前能源消耗量还足够，但需要根本性的结构改变。因此，要想实现经济增长与碳排放的脱钩、碳排放与能源的脱钩，需要技术创新。只有技术创新才能实现上述改变。

由于面临着更短的时间窗口，因此中国实现碳中和面临着巨大挑战。与全球平均53年、美国46年和西方发达经济体平均超过70年相比，中国只有30年时间来实现碳达峰、碳中和。此外，工业化150多年来，发达国家已经将全球的二氧化碳排放空间挤满，无法继续开发。尽管中国的累积碳排放量相对较小，但实现碳中和对于中国来说依然是一个艰巨的任务。因此，中国必须加速采取更积极的措施来实现这个目标，加快步伐，大力发展新能源，采取技术创新，制定相关政策和加强国际合作，共同应对气候变化，推进全球碳中和进程。

三、碳中和与中国式现代化:新型工业化、技术与绿色金融

(一)实现碳中和的基本框架

为了实现碳中和与中国式现代化，需要进行新型工业化转型，同时推动能源强国建设。在中国，实现碳中和的首要任务是在工业部门实现碳中和。党的二十大报告指出:“坚持把发展经济的着力点放在实体经济上，推进新型工业化，加快建设制造强国”“推动制造业高端化、智能化、绿色化发展”“推动战略性新兴产业融合集群发展，构建新一代信息技术、人工智能、生物技术、新能源、新材料、高端装备、绿色环保等一批新的增长引擎”。

实现碳中和还需要推进能源转型。我国实现能源发展转型，需要以习近平总书记提出

的“四个革命、一个合作”能源战略思想为引领，以能源市场化改革为抓手，以能源科技创新为驱动，以推动建立清洁低碳、安全高效的现代能源体系、实现能源高质量发展、建设社会主义现代化能源强国为目标，切实有效地满足经济社会发展及人民美好生活对能源的需求。

（二）科技创新

科技创新是实现高质量发展的关键。要实现科技创新，首先要聚焦工业。新型工业化需要制造业的高端化与智能管理，实现借助数字经济和智能经济来推动绿色化发展，从而发展新能源、绿色环保的新兴产业，需要着眼于工业部门，并进行能源转型。总书记提出了“四个革命、一个合作”的能源战略，以能源市场化改革为抓手，以能源科技创新为驱动，以推动境内清洁、低碳、安全、高效的新能源体系，以实现中国能源的高端发展，建设能源强国。

为了更加高效、简单地完成上述任务，首先要分析工业部门历史排放的一些驱动因素。我们的研究发现：总产量和总发电量增加的生产规模效应是主要的碳排放促增因素；能源效率、工艺碳排放效率和火力发电效率提升的能源效率效应是主要的碳排放促降因素；清洁能源替代和清洁发电等清洁能源替代效应主要于近期在一般工业行业和电力工业发挥了一定的促降作用，但对其他行业碳减排的影响仍不明显；化石能源结构效应以及化石能源清洁转化效应对碳减排的作用尚不明显。因此，虽然中国的能源效率一直在改善，但是与最优情况相比还有一定的差距，如果未来不能改进能源效率，中国的碳排放量还会更高。尽管目前新的技术开始发挥作用，但效果不够明显。①

进一步对未来的碳排放进行预测，分为以下三种情况。由图5可知，在基准情景下，我国可以在2025年实现工业碳达峰，但2030年后的减排潜力不大。在碳中和情景下，我国2060年的工业碳排放总量约为15亿吨，这部分碳排放量将通过林业碳汇和新的固碳脱碳技术吸收，实现工业碳中和。在强化碳中和情景下，我国有望在2055年提前实现碳中和。

从预测看，未来我国电力工业部门碳减排的主要驱动因素除了继续提升火力发电率之外，还必须发展清洁电力替代技术，碳排放的主要促增因素仍然是电力部门的产出——发电总量增长。火力发电效率提升虽然可以促进碳排放下降，但由于至2060年，火力发电在发电总量中占比很低，因此火力发电效率提升的碳减排作用相对并不大。清洁电力替代是指用水电、风电、光伏、核电等清洁能源替代火力发电。其中，风、光发电需要发展配套的储能技术与特高压跨区输电电网等。

对于我国未来非电力工业部门，碳排放的主要促增因素还是经济增长，而主要的促降因素除了能源效率提升之外，还必须大力发展清洁能源替代技术和煤炭清洁转化技术。能

---

① 陈诗一、王畅、郭越：《面向碳中和目标的中国工业部门减排路径与战略选择》，《管理科学学报》第27卷第4期（2024年4月），第1—20页。

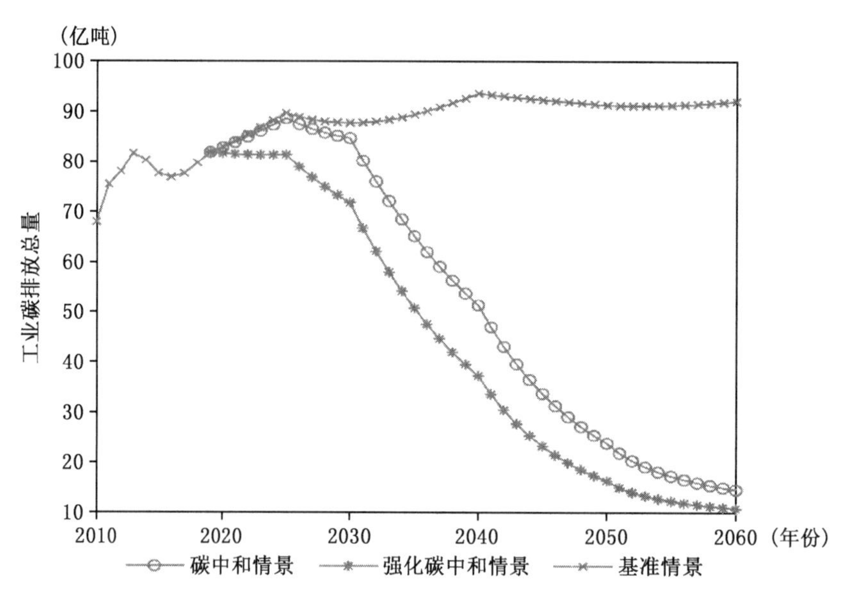

图 5　工业碳排放至 2060 年的变化趋势预测

源效率提升主要指通过先进生产工艺创新、节能减排和低碳生产技术升级来促进传统高碳行业单位产出的化石能源消费量下降。我国能源效率在过去 20 年里的提升速度较快,但是传统高排放行业仍然面临再造调整成本高、融资约束大的问题。清洁能源替代技术指运用电力、氢能、生物质能等能源替代化石能源进行工业生产。比如,在化学原料行业,电化学法替代化石能源燃烧合成氨气的技术已经进入应用阶段;在钢铁行业,电炉取代高炉的技术也已经成熟,可将每吨钢铁释放的二氧化碳下降 77%。煤炭清洁转化技术主要包括煤制清洁燃料和煤制大宗化学品等煤化工技术。随着技术的发展和相应催化剂的出现,在煤制油、煤制气、煤制甲醇和烯烃、煤液化等煤化工过程中,可以通过煤加氢直接裂化来合成产品,相比于传统的煤化工需要在煤炭中加入氧气实现裂化导致大量的碳以二氧化碳的形式产生而言,可以极大减少煤炭燃烧过程中二氧化碳的排放。

(三)绿色金融与碳金融政策

以上提到的能源技术革命并非自发产生的,需要大量资金投入来实现战略目标。因此,现在提倡 ESG 投资和绿色融资,把金融纳入服务绿色发展和可持续发展的框架,并将绿色生态理念贯彻到金融业态。今后的金融行业和产品开发,如果不考虑环境要素和可持续发展要素,则是不完善、有风险的。绿色金融需要政府支持,这不仅仅是企业的行动,也需要政府和市场的共同推动,因此,绿色金融不能只依靠政府或者市场,必须是自上而下、自下而上双向推动。

当前,中国的绿色金融正在快速发展。其中,中国绿色信贷存量规模位居全球第一,绿色债券余额排名全球第二。此外,全国积极开拓碳交易市场,财政部也采取措施,联合环保部门支持绿色金融的发展。然而，虽然我国的碳市场具有很大的潜力，但我国的碳价仍然明显低于全球碳市场，并且市场流动性不足，难以发挥碳市场的降碳功能，也不利于我国投资者参与国际市场交易，可能导致本国资源的流失。为此，复旦大学可持续发展研究中心研制发布了全国首个碳价指数——复旦碳价指数，并联合编制了全国首部《企业碳资信评价体系》，参与编写了全球首个综合性的碳管理标准——碳管理体系，以助力企业更好地管理碳资产。未来，我们仍需与政府、银行合作，积极推动绿色金融的创新发展，为实现碳中和与中国式现代化做出贡献。

第五讲　从利他到共赢：ESG 如何促进可持续发展[①]

范子英[②]

我非常荣幸能够参加《第一财经》举办的活动。《第一财经》与上海财经大学有着多年的合作关系，我们的合作已经持续了十余年。早期，我们共同开展了财经媒体记者的财经素养培训，近年来，我们的合作已扩展到更多的领域。今天的活动非常有意义，汇集了高校、学术界、业界以及众多中介机构，共同探讨 ESG 这项重要的话题。这是一个受到政府、产业界、学术界和研究机构共同关注的话题，但不同领域对这个话题的关注视角各有不同。

高校在其中主要承担两项重要职能：首先是进行基础研究，许多关于 ESG（环境、社会和公司治理）的基础性工作都由高校承担。其次是人才培养，上海财经大学专门为本科生和硕士生开设了 ESG 课程，并计划在明年正式招收 ESG 方向的硕士生。这是因为该领域发展迅速，对人才的需求量巨大。

今天，我想从学术界的角度探讨 ESG，这一视角可能与业界有所不同。近年来，各行业提出了许多关于 ESG 的概念，今天我们讨论的 ESG 与之前所提出的存在本质区别。那么 ESG 究竟意味着什么？正如题目中提到的：从利他到共赢。实际上，ESG 强调的不是单纯的利他，而是共赢，共赢的最终目标是可持续发展。我们不能简单地将 ESG 等同于 CSR（企业社会责任）加上“双碳”战略，这并不是 ESG 的框架。今天我主要分享在这方面的一些认识。

一、ESG 是大势所趋

图 1 展示了我们研究团队对全球和全国 ESG 情况的梳理。可以看出，这一议题已经非常热门，目前几乎所有国家都在讨论 ESG 主题。从时间上看，自 2015 年起，ESG 的关注度迅速上升，覆盖了全球所有国家和地区，这与之前许多专家提到的“双碳”战略紧密相关。然而，除了“双碳”战略，另一个重要因素是碳的量化和管理相对容易，因此推进起来也较为顺利。但实际上，ESG 的其他方面更加重要且复杂。

---

① 本文节选自 2023 年 12 月 15 日《第一财经》“善商业论坛暨中国企业社会责任榜颁奖盛典”的主旨报告，由张航、刘文瑄整理成文。

② 上海财经大学富国 ESG 研究院院长、上海财经大学公共经济与管理学院院长。

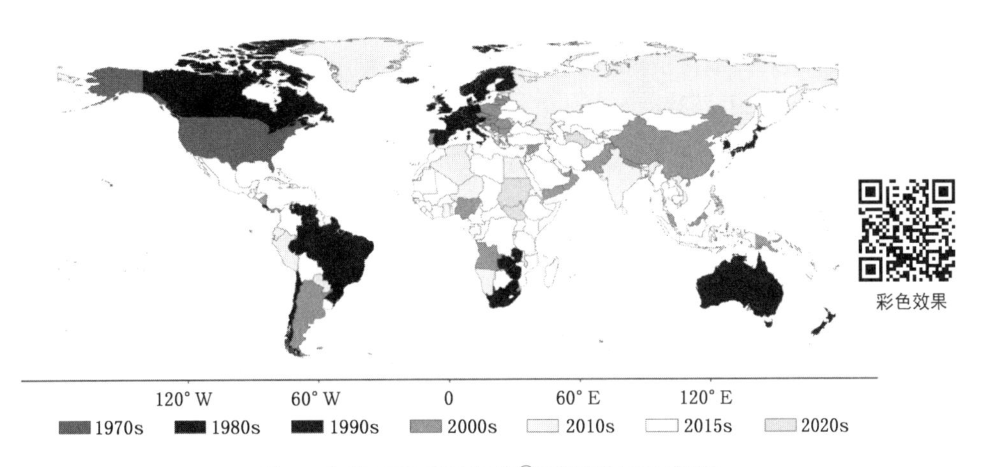

图 1　全球 ESG 实践年鉴①(彩图详见二维码)

图 2 展示了近几年 A 股上市公司 ESG 相关报告的披露情况,可以看到中国在 ESG 领域的进步非常迅速。截至 2022 年,已有 1 700 多家上市公司发布了 ESG 报告,虽然质量参差不齐,但总体增速明显。这些数据表明,近两年 ESG 在行业内的发展速度加快,取得了显著的进展。

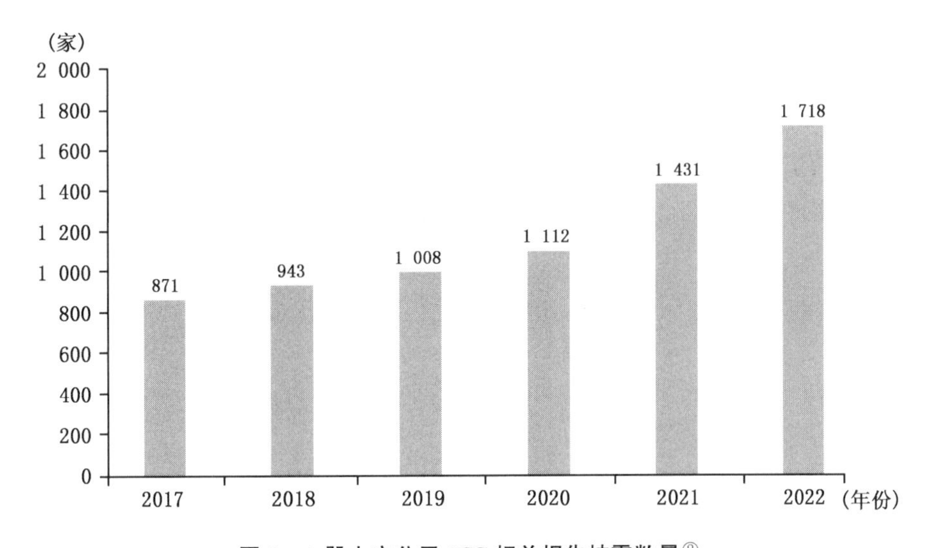

图 2　A 股上市公司 ESG 相关报告披露数量②

在气候方面,图 3 总结了一个基本结论:截至 2023 年,全球平均气温较工业革命前上升了约 1.1 度,并且存在一定的浮动标准差。虽然 1.1 度的上升看似不明显,但它导致全球极端天气频发。举例来说,上海昨天的气温是 22 度,今天不到 10 度,虽然降幅达到 12 度,但人们的感受并不明显。然而,全球平均气温的上升却对气候变化产生了深远的影响。现在提出的总体目标是,到

① 资料来源:《中国 ESG 发展报告·2023》,上海财经大学富国 ESG 研究院。
② 资料来源:同上。

21 世纪末将全球气温的增长幅度控制在 2 度以内。为实现这一目标，到 2030 年全球的碳减排需要达到 28%。如果要将气温增长幅度控制在《巴黎协定》提出的 1.5 度以内，碳减排目标则需达到 42%。这项任务非常艰巨，要求在 2030 年完成，而不是 2050 年。原因在于我们发现之前设定的 2050 年目标在实际执行过程中难以实现，这与主要大国的执行力度不够尤为相关。

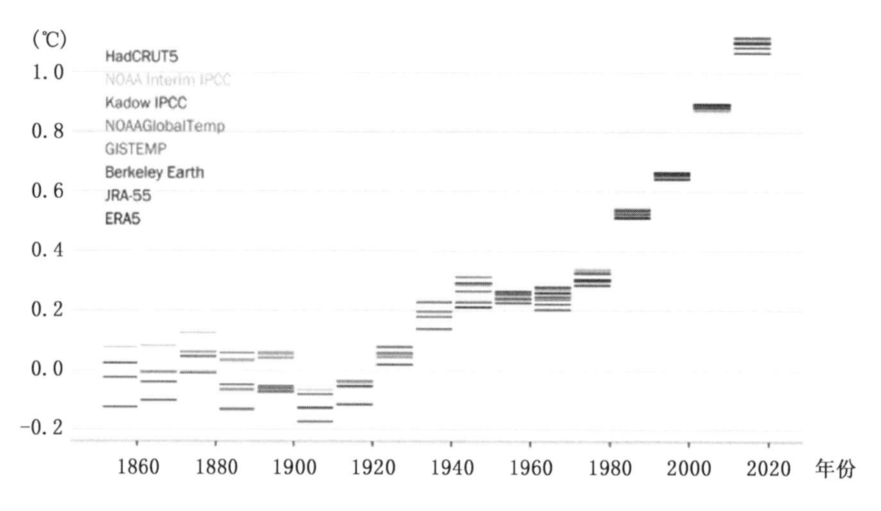

图 3 与 1850—1900 年平均值相比的 10 年全球平均气温差异①

如图 4 所示，自工业革命以来，中国的累计碳排放量(红色区域)相对较低。然而，近年来，由于中国经济的快速增长，在新增碳排放量中，中国所占的比重显著增加。这表明中国在减碳方面需要付出更多努力。与此同时，中国也已经做出了诸多承诺以实现碳减排目标。

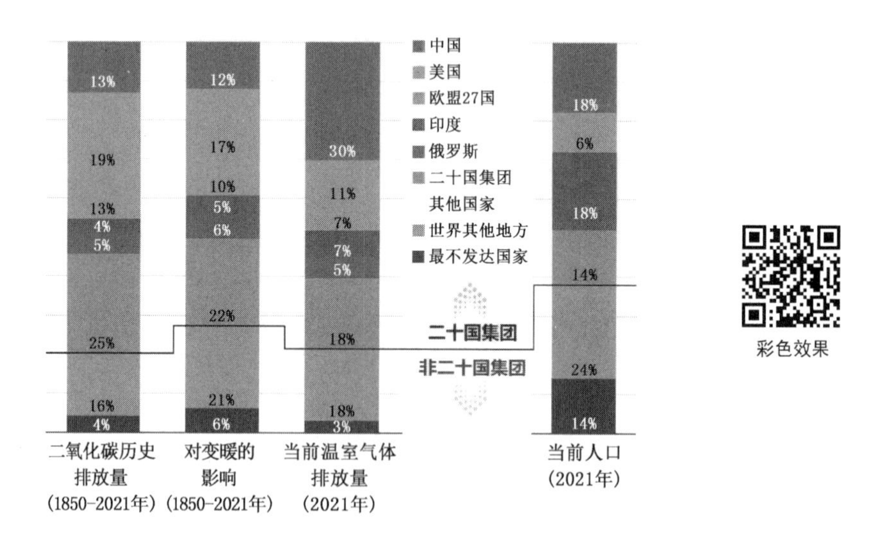

图 4 当前和历史上各国(或地区)对气候变化的影响②**(彩图详见二维码)**

① 资料来源：World Meteorological Organization，The Global Climate 2011—2020。

② 资料来源：《2023 年排放差距报告》，联合国环境规划署。

我们在一些方面表现良好，但仍有许多需要改进之处。首先，许多企业并未实施真正的ESG（环境、社会和公司治理）策略，而是采用了CSR（企业社会责任）策略。如图5所示，从ESG相关报告数据中可以看出，真正的ESG报告仅占一部分，其余大多不是ESG报告。更为重要的是，ESG信息披露目前存在诸多问题。正如图6所示，许多企业更注重宣传而非实际行动，甚至有时宣传与实际行动不一致。一些实际工作没有披露，一些应披露的未披露，还有一些应实施的未实施。这表明我们目前面临的最大挑战是对ESG的认识尚不全面。

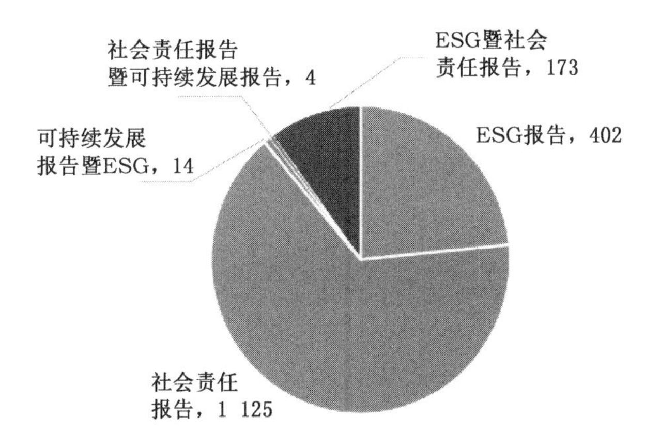

图5 A股上市公司2022年度ESG相关报告分类及占比[①]

图6 ESG信息披露现存问题

① 资料来源：《中国ESG发展报告·2023》，上海财经大学富国ESG研究院。

二、共赢的逻辑

(一)ESG 基本概念

过去,大家通常认为 ESG 是一种外在成本。我们提出了一个简单的想法,即如何实现共赢。我们为如何理解 ESG 提供了一个基本概念,如图 7 所示,ESG 实际上涵盖了最广泛的利益相关者。最早的公司治理强调的是股东收益,即治理(G)的核心部分。随后,我们将这一范围逐渐扩大到员工和业务往来上下游的企业,从而引入了社会(S)层面。进一步扩展到整个社会,就产生了环境(E)层面。因此,ESG 实际上代表了最广泛的利益相关者。

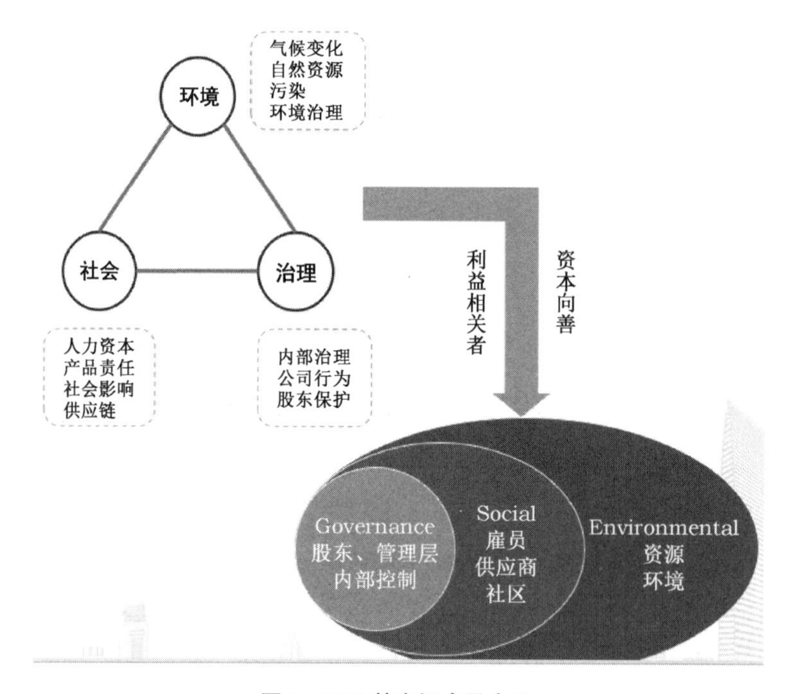

图 7 ESG 基本概念及含义

我们今天讨论的 ESG 实际上并不是一种外在成本,而是注重义利并举。义利并举需要强调风险管理,这是当前 ESG 能够实现的,例如应对气候风险、内部管理风险以及多种关系型风险。从可持续发展的角度看,这一点尤为重要,因为 ESG 强调的是长期主义,要求我们团结并兼顾最广泛的利益相关者诉求,这才是 ESG 的核心概念。

(二)从理论到实践

如何从说到做是最关键的,不仅需要将报表制作得精美,更要将实际工作做好。具体而言,包括两点:首先,要做正确的事;其次,要正确地做好事。在做正确的事方面,除了要披露所做的工作外,还需要增加披露渠道,并确保这些工作与业务相关。我们研究了大约 1 700 份上市公司的 ESG 报告,发现并非每个企业都达到了这一点,许多企业的披露内容实际上与其业务无关。做正确的事有两个关键点：首先，公司需要建立起适当的架构。如果没有将 ESG 架构纳入决策机制，是无法实现这一目标的。其次，需要建立沟通机制，因为这涉及利益相关者的利益，因此必须开展这项工作。

（三）双重重要性

我们提出了一个基本框架，将所有与企业和利益相关者相关的事项大致分为四类：（1）对企业不重要，对利益相关者也不重要：这种事项可以忽略，因为不值得讨论。（2）对企业不重要，但对利益相关者重要：严格来说，这类事项讨论的时机尚未成熟。（3）对企业重要，但对利益相关者不重要：这类事项也不适合在 ESG 报告中提及，而是要在其他财务报表中披露。（4）对企业和利益相关者都非常重要：这类事项才是需要在 ESG 报告中详细讨论的。原因在于，ESG 指标多达数千项，不可能有企业能够全面覆盖所有指标，因为这些指标可能与其业务不相关。同时，在一份报告中涵盖所有事项也无法突出重点，因此我们提出了需要考虑双重重要性。

（四）实质性议题的不足

这两个重要性在现有框架中已有提及，但仍不够完善，这就是所谓的实质性议题。在大约 1/3 的 ESG 报告中，这种划分已经有所体现。图 8 展示了宁德时代的一个例子，横轴表示对公司重要的事项，纵轴表示对利益相关者重要的事项，只有右上角的内容才是 ESG 报告中需要重点披露的，其他信息严格来说不应是报告的重点。

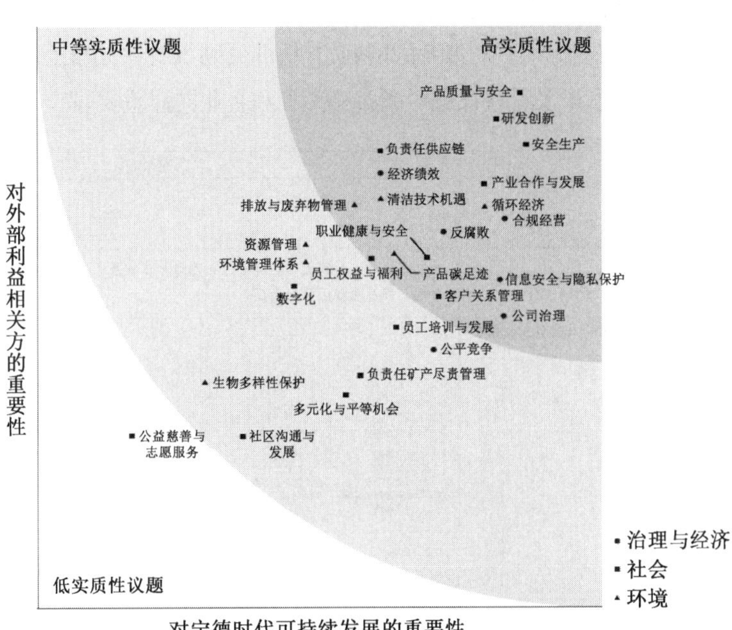

图 8　宁德时代实质性议题及重要性

如图 9 所示，大约三分之一的上市公司在其 ESG 报告中披露了实质性议题。这些公司有一定的方法论，但在实际应用过程中仍存在诸多问题。例如，许多企业并未充分阐述实质性议题，评级公司也未能真正落实这些议题。此外，许多国际准则存在自相矛盾之处。这些问题导致现有框架在应用时未能充分发挥其促进可持续发展的作用。

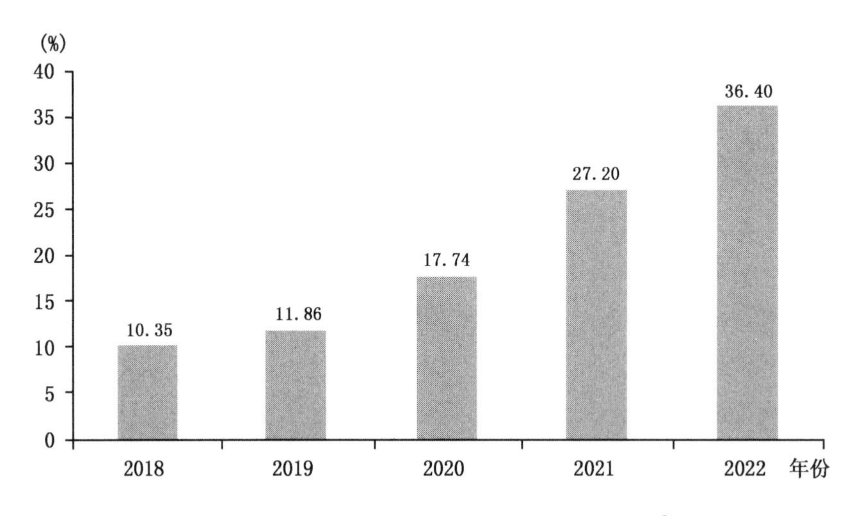

图 9　A 股上市公司实质性议题分析披露统计①

图 10 展示了两个标准：左边是 GRI 标准，右边是 SASB 标准。尽管它们都针对石油和天然气行业，但是对所谓实质性议题的披露要求存在显著差异。我们绘制了图 11，突出显示了相关部分，只有中间部分是两个披露标准共同涉及的内容，其他部分则没有共同覆盖。这表明在评级体系中，对什么是实质性议题，以及哪些议题对利益相关者和企业同样重要，尚未形成共识。

<table>
<tr><th></th><th>GRI</th><th>SASB</th></tr>
<tr><td>行业名称</td><td>煤炭行业</td><td>Coal Operations</td></tr>
<tr><td>行业描述</td><td>GRI 12适用于从事下列任一业务的组织：
·勘探、开采和加工来自地下或露天矿的动力煤和冶金煤(即褐煤、烟煤和无烟煤)。
·为煤矿提供设备和服务，如钻探、勘探、地震信息服务和煤矿建设。
·煤炭的运输和储存，如煤浆管道。</td><td>煤炭运营行业包括煤炭开采实体和煤炭产品制造实体。开采活动涵盖地下开采和露天开采，以及热能煤和冶金煤</td></tr>
<tr><td>披露内容</td><td>议题11.1 温室气体排放
议题11.2 气候适应、复原力和转型
议题11.3 气体排放
议题11.4 生物多样性
议题11.5 废弃物
议题11.6 水资源和污水
议题11.7 关闭和恢复
议题11.8 资产完整性和突发事件管理
议题11.9 职业健康与安全
议题11.10 雇佣做法
议题11.11 反歧视和平等机会
议题11.12 强迫劳动和现代奴役
议题11.13 结社自由与集体谈判
议题11.14 经济影响
议题11.15 当地社区
议题11.16 土地和资源权利
议题11.17 原住民的权利
议题11.18 冲突与安全
议题11.19 反竞争行为
议题11.20 反腐败
议题11.21 向政府付款
议题11.22 公共政策</td><td>环境：温室气体排放；空气质量；能源管理；水和废气管理；废弃物和有害物质管理；生态影响
社会资本：人权与社区关系；客户隐私；数据安全；可及性与负担能力；产品质量与安全；客户福利；销售实践与产品标签
人力资本：劳动实践；员工健康与案例；员工参与度、多样性与包容性
商业模式和创新：产品设计与生命周期管理；商业模式韧性；供应链管理；材料采购与效率；气候变化的实际影响
领导与管理：商业道德；竞争行为；法律与监管环境管理；关键事件风险管理；系统性风险管理</td></tr>
</table>

图 10　国际准则关于实质性议题的指标分歧

① 数据来源：《中国 ESG 发展报告・2023》，上海财经大学富国 ESG 研究院。

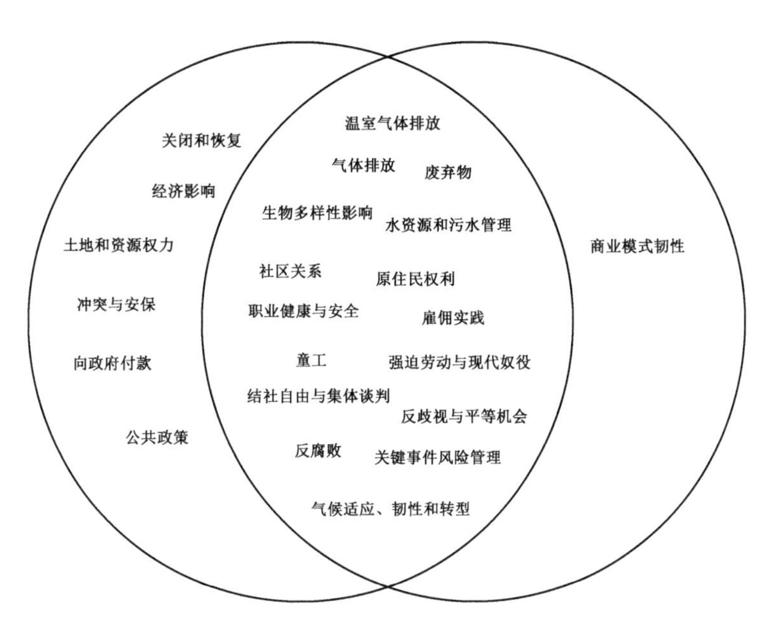

图 11　GRI 与 SASB 标准对煤炭行业实质性议题的分歧

三、如何做到可持续发展

实现可持续发展非常重要,但具体的实现步骤需要讨论许多基本概念。首先,我们需要建立一个体系,科学地选出利益相关者的标准和核心议题的划分。然而,当前的划分非常随意。举一个反面例子,一个矿产企业在划分重要议题时,如图 12 所示,其横轴代表对企业的重要性,纵轴代表对利益相关者的重要性。右上象限中的四类议题中,没有一个是矿产行业真正应解决的问题,例如环境问题完全不在右上象限内。这个例子表明,尽管许多企业意识到需要这样做,但在实际划分实质性议题时仍然非常随意,许多关键的行业相关指标缺失,从而导致企业披露的议题与应披露的内容之间存在不对称。虽然企业声称要实现可持续发展,但实际上在披露的内容中并未体现这一点,因此未能真正满足可持续发展的要求。

因此,我们提出第二点,现有的标准不应采用通用标准,而应采用分类标准。不同行业之间存在显著差异,需要解决的核心问题也各不相同,因此行业标准是未来 ESG 发展中特别需要推动的顶层设计方案。图 13 和图 14 展示了石油和天然气行业的示例,列出了这些核心议题,这些议题应该在所有石油和天然气公司的披露中涵盖,因为这些是最关键的概念。

还有地区差异的问题,例如中国和美国的同一家企业是否应当采用相同的标准?未必如此,因为中国具有许多自身特色的披露内容,这些内容在现有的国际标准中并未涵盖。

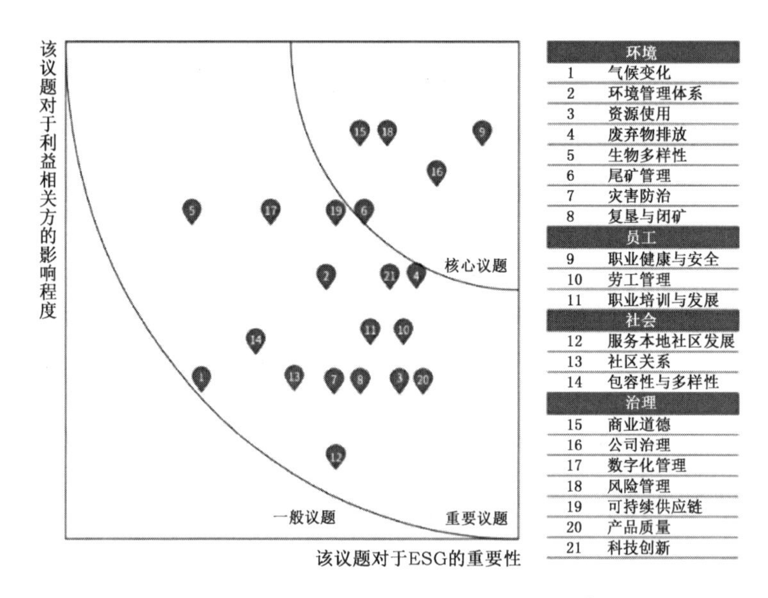

图12 矿产企业实质性议题及重要性[①]

议题大类（非行业特定）	披露主题（行业特定）	
	医疗保健行业	非酒精饮料行业
产品质量与安全	护理质量和患者满意度	?
消费者福利	管制物质管理	健康与营养
销售实践和产品标签	定价和计费透明度	产品标签和营销

图13 SASB 实质性议题行业划分样例

因此，如何实现规范化和可比性的分类标准，将是我们接下来可能面临的重大挑战。

在实现真正意义上的长期可持续发展方面，目前存在一个明显的问题：缺乏连续的年度总结和评估机制。换言之，每年完成ESG报告后，下一年重新开始，没有对前一年或前几年内容的系统追踪和评估。因此，对这些指标和行动结果的定量科学评估尚未实现。

① 资料来源：GRI Sustainability Reporting Standards 2021。

	1	2	3	4	5	6	7	8	9	10	11	12	13	14	15	16	17
议题11.1 温室气体排放													●	●			
议题11.2 气候适应、复原力和转型	●						●	●	●			●	●				
议题11.3 气体排放			●								●				●		
议题11.4 生物多样性						●						●		●	●		
议题11.5 废弃物			●			●						●		●	●		
议题11.6 水资源和污水						●						●		●	●		
议题11.7 关闭和恢复				●				●			●			●	●		
议题11.8 资产完整性和突发事件管理											●			●			
议题11.9 职业健康与安全			●					●									
议题11.10 雇佣做法	●			●	●			●		●							
议题11.11 反歧视和平等机会				●	●			●		●						●	
议题11.12 强迫劳动和现代奴役								●								●	
议题11.13 结社自由与集体谈判								●								●	
议题11.14 经济影响	●				●			●	●	●							
议题11.15 当地社区	●		●		●	●										●	
议题11.16 土地和资源权利	●	●									●					●	
议题11.17 原住民的权利	●		●		●						●					●	
议题11.18 冲突与安全																●	
议题11.19 反竞争行为																●	
议题11.20 反腐败												●				●	
议题11.21 向政府付款	●															●	●
议题11.22 公共政策																●	

图14 GRI实质性议题行业标准样例

我们希望未来的可持续发展能够实现几个步骤:第一年开始披露,应有一个五年行动计划,第二年回顾第一年,第三年回顾第一到三年,到第四年再回顾前三年,以此类推,形成一个综合的、长期的披露框架。这种回溯性能够展现企业的进步,即使某些年份可能表现不佳,但在前几年的基础上取得了显著改进的企业应当受到鼓励。

另外,还需具备展望性,即体现出发展的机遇。有些企业可能在某些方面未能充分落实,但表明将来有发展计划,这类企业的机遇仍然存在。图15展示了福莱特玻璃的一个积极例子,其披露回顾了去年和今年的变化,说明了实质性议题的演变,这是一个非常显著的进步。当然,绝大部分企业在这方面仍有改进的空间,因为目前我们缺乏一个长期框架来推动实质性议题的持续发展。总之,如何将实质性议题真正落实,并与企业的可持续发展相结合,仍是一个极具挑战性的任务。

福莱特玻璃 2022 年实质性议题的主要变动

2021 年实质性议题	2022 年实质性议题	变动情况	变动原因
员工健康与安全	职业健康与安全	更改表述	结合公司实际情况、同业报告及相关标准表述，进一步优化表述，议题名称更符合通用语言表达
客户满意与沟通	客户服务及沟通		
产品安全与健康	产品质量管理		
供应商管理	供应链管理		
社区公益	公益慈善与志愿服务		
——	公司治理	新增	根据 MSCI ESG 评级重点关注的议题，新增议题以更好地回应 MSCI ESG 评级要求
	环境管理体系		
劳工准则	员工权益与福利	合并	
废弃物管理	排放与废弃物管理	升级	延展议题内容并同步对标 MSCI 关注点，以更好地进行相关信息披露，回应监管和评级要求
客户隐私保护	数据安全与隐私保护	升级	

图 15　福莱特玻璃 2022 年实质性议题的主要变动

·第二篇·

国际准则

第六讲　国际可持续准则理事会初期工作——正面评价、挑战和应有的对策[①]

张为国[②]　薛　爽[③]

国际财务报告准则基金会(International Financial Reporting Standards Foundation,IFRS基金会)于2021年11月宣布成立国际可持续准则理事会(International Sustainability Standard Board,ISSB)。2022年3月,国际会计准则理事会(International Accounting Standards Board,IASB)发布第一批两个准则的征求意见稿。2023年6月,ISSB正式发布第一批两个准则的最终稿,即《国际财务报告可持续披露准则第1号(IFRS S1)——可持续性相关财务信息披露一般要求》及《国际财务报告可持续披露准则第2号(IFRS S2)——气候相关披露》(以下分别简称IFRS S1和IFRS S2)。自宣布成立到最终颁发首批两个准则仅花了一年半时间,速度之快令人难以想象。本文在对IFRS基金会和ISSB初期工作成就正面评价的基础上,分析了IFRS基金会和ISSB未来可能面临的挑战,并提出我国应有的对策。

一、IFRS基金会和ISSB工作的正面评价

近年来,全球掀起了强调可持续发展、按可持续发展理念投资的热潮。为适应这种需要,各种制定相关准则的机构纷纷成立,并按照不同的思路和逻辑建立了可持续发展行动或信息披露的框架,但缺乏有声誉的或权威机构协调,难以得到各国政府及多边国际组织的全力支持。2020年9月,IFRS基金会发出咨询文件,提出与IASB并列,成立ISSB,专司制定国际可持续发展披露准则(International Sustainable Development Standard,ISDS)。此战略动议得到金融稳定论坛(Financial Stability Forum,FSF)、国际证监会组织(International Organization of Securities Commissions,IOSCO)、G20财长和央行行长会议等的强烈支持。2021年11月,IFRS基金会在第26届联合国气候峰会上正式宣布成立ISSB,同时发布第一批两个国际可持续披露准则样稿。2023年6月,ISSB正式发布第一批两个准则

① 本文为2024年3月26日上海财经大学富国ESG系列讲座第24期讲座内容,由张航整理成文。

② 上海财经大学和清华大学教授、国际会计准则理事会原理事,曾担任中国证券监督管理委员会首席会计师。

③ 上海财经大学会计学院讲席教授、国家人文社科重点研究基地会计与财务研究院专职研究员。

的最终稿，即有关可持续披露一般要求的 IFRS S1 和有关气候相关披露要求的 IFRS S2。自宣布成立到最终发布首批两个准则仅花了一年半时间。一些国家已宣布了将以不同方式采用这两个准则的计划，另一些国家和地区正在研究采用这两个准则的方针。

IFRS 基金会和 ISSB 能在如此短的时间内取得上述成绩，主要原因包括：

第一，ISSB 继承并发挥了 IFRS 基金会和 IASB 完善的治理结构和缜密的准则制定程序，能够在全球招聘合适的人才并以专业精神来制定高质量准则的优势。

第二，新准则的制定并非白手起家，而是站在巨人的肩膀上，即 IFRS S1 和 IFRS S2 均建立在几个成功可持续披露准则的基础之上，集气候相关财务信息披露工作组（Task Force on Climate-Related Financial Disclosure，TCFD）、气候披露准则委员会（Climate Disclosure Standards Board，CDSB）、可持续会计准则委员会（Sustainability Accounting Standards Board，SASB）等准则之大成。事实上，ISSB 本身就是在吸收合并若干个相关机构基础上成立的，所制定的准则也基于这些机构在过去颁布的可持续披露框架或准则，并有所简化和提升，以适应全球更广泛使用者的差异化需要。

第三，两个新准则继承了已为全球公认高质量会计准则的国际财务报告准则（International Financial Reporting Standards，IFRS）之范本，包括准则本身、应用指南和示例。ISSB 在治理机制和工作程序上也学习 IASB 的做法，以后将成立解释委员会和过渡研究小组等来研究执行中可能面临的问题，帮助采用其准则的国家和地区能将准则执行得更好。

第四，第一批两个准则在制定过程中既吸收了来自各方面的意见，也考虑了包容性。比如，准则明确了计算温室气体排放应使用 GHG 标准，但同时规定也可用本国要求的标准；再如，一些指标的计算上提出了各种场景选择的可能；数据的计算上提出了类似有关公允价值计量的 IFRS 中的数据输入值质量层级概念；一些地方有时间上的宽限等。这些都是标准制定过程中实事求是的体现。

第五，首批两个准则一经发布就得到了不少国际组织的认可，包括国际证监会组织、金融稳定理事会等。这些国际组织的认可，对各个国家和地区采用 ISDS 具有良好的促进作用。

二、IFRS 基金会和 ISSB 可能面临的挑战与问题

发布首批两个准则后，IFRS 基金会和 ISSB 继续进行各方面的努力，包括：接管气候相关财务信息披露工作组（TCFD）对公司气候相关信息披露进展情况的监督职责，并将在 TCFD 的成果基础上继续发展；成立工作组，研究解决采用 IFRS S1 和 IFRS S2 中可能面临的实操问题；推进与欧盟可持续报告准则（European Sustainability Reporting Standards，ESRS）以及制定较悠久且在全球广泛采用的全球报告倡议组织（GRI）准则的互操作性工作；完成未来几年的立项工作，初步决定纳入的项目包括确保首批两个准则的有效实施、自然和人力资本相关准则的制定等。

按这样的方向稳扎稳打，ISSB 制定的准则长期看，是有可能成为全球公认的高质量可持续披露准则的，但也无法回避 IFRS 基金会和 ISSB 可能面临的挑战与问题。

第一，ISSB 的成立有明显美英与欧盟竞争的成分。ISSB 由 IFRS 基金会在 2020 年第三季度提议，并在 2021 年 11 月格拉斯哥联合国气候峰会上正式宣布成立。从其成立到 2023 年 6 月正式发布首批 2 个准则，有明显美英与欧盟竞争的成分。简单来说，可持续发展准则制定方面走在前面的是欧盟。欧盟通过立法，制定了一系列与绿色低碳、可持续发展、可持续报告等相关的法令，步子走得扎扎实实。美英及与其关系较紧密的主要英语国家担心如果不紧跟上，有可能被欧盟超过，因此，急匆匆提议在 IFRS 基金会下成立 ISSB。此后，两者在制定首批准则过程中有互相协调的成分，也有争先恐后的成分。欧盟的可持续披露准则毕竟是地区性的准则，搞一个可为全球各国采用的可持续披露准则确有必要，但 ISSB 受英美影响更大，所制定的准则更大程度上反映了美英的想法和立场。

第二，基本导向之争。全球统一高质量可持续披露准则的制定只是一个开始，而不是终点。在 IFRS S1 和 IFRS S2 推出前，ISSB 应首先解决制定可持续披露准则的基本目标是什么，究竟应包括些什么内容以及如何制定等基本问题，并力求与 ESRS 新制定的准则达成一致。从实际情况看，双方并没有完全形成共识，这从欧盟和 ISSB 所制定的准则存在一些重大差异上可看出。首先，欧盟的准则服务于广泛的利益相关方，ISSB 的准则服务于投资者；其次，欧盟的准则强调财务和影响力的双重重要性，ISSB 的准则只强调财务重要性；再次，欧盟的准则强调兼顾企业价值和社会价值，ISSB 的准则更偏重企业价值；最后，欧盟的准则框架比较清晰合理，第一批就颁布了 12 个准则，ISSB 的准则结构尚不清晰合理，且第一批只发布了 2 个准则。笔者感觉这些基本点的差别源自欧盟准则基于长期的深思熟虑，而 ISSB 的准则有明显匆匆上马、一蹴而就的迹象。下一步 ISSB 形成一套全面系统的准则将是一个漫长的过程，短则 5 至 10 年，长则需要更长时间。以上几个重要方面与欧盟的不一致也可能成为 ISSB 步履维艰的重要障碍。

第三，主题准则和行业指南的关系。欧盟和 GRI 的工作重心都在通用性主题准则上。欧盟在颁布第一批 12 个通用性主题准则后，原计划制定一些行业性应用指南，但为确保这 12 个通用性主题准则的有效实施，欧盟已决定推迟行业性应用指南的制定工作。GRI 经 20 多年努力已形成相对完整的体系，也计划根据需要制定一些行业性的指南。

由于部分是通过吸收合并 SASB 建立起来的，ISSB 在制定首批两个准则过程中花了相当大的精力将 SASB 原来制定的七八十个行业指南纳入其中，且篇幅约占两个准则五分之四强。笔者不否认行业性指南的有用性，但若过度纠结于此可能会产生一系列不良后果，包括：(1)导致 ISSB 成立之初超载的工作量，不利于完成应该优先完成的工作。(2)使人难以理解 ISSB 未来要制定准则体系将是一个怎样的结构或框架，甚至可能对 ISSB 以后形成准则框架造成一定的障碍。(3)搞不清楚这几十个行业准则是 IFRS S2 的细则，还是未来将要制定的其他通用性主题准则的细则。若是前者，以后所有主题准则都会有七八十个行业指南？若是后者，尚未制定主题准则，哪来这些主题准则的细则？（4）以后制定更多通用性主题准则时，可能难以处理通用性主题准则和行业指南的关系，有可能使ISSB和欧盟及GRI的准则渐行渐远，或至少使互相协调变得不那么容易。（5）可能受到各国行业监管机构在行业如何划分、哪些应是强制性指南等方面的质疑，甚至是抵制。况且，什么是最重要的或者更好的行业指标，如何计算等本身都存在很大争议。若处理不好通用性主题准则和行业指南的关系，长此以往，ISSB的权威性和公认性也可能会受到影响。

第四，理想目标与可操作性的关系。从第一批两个准则可见，ISSB试图树立一个高标杆，制定一个理想化的准则。这有其好处，但在短中期甚至更长的时间里，过高的标准在各国可能无法很好落地。如保持与财务报告主体范围和披露时间的一致性、披露全供应链范围三温室气体排放，就气候排放做情景分析，披露风险、机遇的短中长期财务影响等，不仅对披露主体提出了非常高的要求，对各个国家公共数据基础设施也提出了很高要求。

ISSB制定的首批两个准则过于理想且可操作性不强的原因主要如下：

第一，没充分考虑国际发展水平的差异。不得不承认西方发达国家早已完成了工业化阶段，整个社会的基本生活设施和基础设施都已基本建成，百姓的生活水准也已很高。因此，在准则制定的标准方面，发达国家会比其他国家高。但ISSB作为国际性的可持续准则制定者，要充分考虑到不同发展阶段、不同政治经济制度、不同文化背景国家的特点、条件与诉求。所制定的原则的普适性和标准的适应性要在发达国家与发展中国家之间找到一个恰当的平衡。特别是要防止为达到理想的环保水平而实际剥夺了发展中国家的发展甚至生存权。笔者认为ISSB目前在制定准则过程中对非西方国家和发展中国家的环境、诉求的考虑是不够的。

第二，对能否提供信息的可靠性，尤其是可核性考虑不足。可能ISSB或有些利益相关者认为，提供了总比不提供好。但若缺乏可靠性及可核性，信息的可操控性就会增加，可鉴证性和可监管性就会降低，从而降低其有用性。有些准则制定者认为"准则制定是没问题的，执行不好是公司、审计师或其他中介机构，甚至是监管者的事"。作为一个曾经的监管者，笔者对此持不同态度。

第三，对准则执行成本几乎未加考虑。IASB和其他国家会计准则都有一个约束条件，即成本效用分析，即信息可能的效用应高于产生和使用信息的成本。当然，从双重重要性角度进行社会成本效益分析难度会大些，但不加必要的考虑是不恰当的。

第四，准则制定速度和应循程序。一个国际组织所制定的准则能具有权威性，并最终为全球各国普遍接受并采用，除质量和公允性外，基本条件是需要按应循程序制定。IASB制定的国际财务报告准则今天成为全球公认并为全球160多个国家采用的准则，其立身之本即是除罕见的情形外，努力按应循程序制定和修订准则。ISSB的成立及IFRS S1和IFRS S2的发布很大程度上是为了与欧盟争先，因此，罔顾一个高质量准则制定机构的应循程序。如ISSB刚宣布成立，且还没有一个成员，准则样稿就已出来了；ISSB仅有两个成员，准则征求意见稿就出来了。这些都是令人难以接受的，极大地损害了其声誉。ISSB以后还会继续面临平衡准则制定速度和严格遵守应循程序的艰难选择。依笔者之见，ISSB更应强调严格按应循程序行事而非追求速度，以体现其自身的可持续发展。

第五，如何确保准则制定者的代表性。和IASB等国际准则制定机构一样，ISSB成员的遴选需同时考虑两个维度的标准：专业胜任能力和地区分布。ISSB首批14个成员中来自中国的有两位，另分别有一位来自尼日利亚和保加利亚。若将他们作为发展中国家的代表，总体比例过低，尤其是考虑到可持续发展披露准则在这些国家执行更迫切、更不易。可持续发展的目标之一是公平转型，即将地球和人类均作为关注中心，以一种公平和包容的方式来应对气候变化及其对社会产生的影响。所以强调可持续发展的同时，也应关注避免贫困人口或是弱势群体的状况恶化。显然发展中国家要实现公平转型，面临更多的困难和挑战。另外，考虑到欧盟已另制定自己的准则，美国也不会用ISSB的准则，增加其他地区代表、特别是来自发展中国家代表的必要性更为突出。吸收更多发展中国家的代表，更有利于听取他们的诉求，理解他们所处环境的约束和执行的难度等，更能体现公平转型的理念，或更有助于公平转型的实现。

另一个成员构成问题是14个成员中三个是前SASB成员，而SASB为英美所主导。我们不否认SASB制定行业准则时曾花的功夫、SASB行业准则的质量、SASB成员的专业素质以及行业指南的作用，但在美国不会采用ISSB准则的情况下，前SASB成员占了三个席位的确有悖公平，其做法本身也不符合可持续发展的理念。事实上，英美意欲主导ISSB早有预谋。在2020年秋，SASB和同为英美主导的国际整合报告理事会(International Integrated Reporting Council，IIRC)匆匆组成价值报告基金会(Value Reporting Foundation，VRF)，主要目的就是主导在这之后成立的ISSB。ISSB成立后硬要将SASB过去制定的准则全盘纳入ISSB初期制定的首批两个准则，给人这样的感觉：董事会硬按某一大股东的想法行事，而不是从全体股东的角度考虑问题，或SASB实质上是实现了反向收购。一个很有意思或许可笑的安排是美国是不会采用ISSB准则的。从政治妥协的角度和利用SASB成员聪明才智的角度看是可以理解，但从制定全球公认高质量准则的角度，是难以接受的。

第六，集中与分散办公孰优。IFRS基金会及其所属IASB自成立起一直只有伦敦一个办公地点，而新成立的ISSB现在世界多地办公。设在德国法兰克福的办公室(ISSB主席和理事办公地)和加拿大蒙特利尔的办公室将负责为ISSB提供支持，并加强与区域利益相关者的合作；设在美国旧金山和英国伦敦的办公室将负责为ISSB提供技术支持及市场互动平台，并加强与区域利益相关者的合作；设在中国北京的办公室将在加强与区域及发展中国家利益相关者的合作方面发挥重要作用。

我们对这种多地办公的做法持一定的怀疑态度：(1)多个办公地点分散运作，这将面临法律地位、人员招聘、税收、日常协调等一系列问题，会大大增加成本。(2)和IASB一样，ISSB成员间、成员与技术及行政人员间需要经常面对面沟通交流，寻求对技术问题的共同理解与共识，多地办公极不利于达到这种效果。(3)多地办公可能有助于加强与区域利益相关者的合作，但成员生活在自己原工作和生活地，在当地缴税，与当地的利益相关者关系会更紧密，这很可能降低ISSB成员的独立性，导致他们不是从ISSB整体视角，从全球公众利益的视角考虑问题并制定准则。(4)在毗邻的美加两国各设一个办公地点的理由更牵强。(5)2012年在日本的要求和资助下，IFRS基金会在东京设立了一个地区办公室，但因定位不清、经费没有保障，难以招聘到合适的人，几乎成为"弃之可惜、食之无味"的摆设。此外，该中心也与亚洲—大洋洲会计准则制定机构小组的功能重叠。在北京设立ISSB地区中心需明确其定位和运作方式，以免重蹈东京地区办公室的覆辙。也需明确北京办公室与已设立十多年的IFRS基金会东京办公室的关系，避免工作不协调，甚至明争暗斗。

第七，引用其他机构制定的准则或研究成果。IASB在准则制定过程中尽一切可能避免引用任何机构的准则，如资产减值、公允价值计量等准则与国际资产评估准则委员会、各种类似的股权估值准则制定机构等的工作及其成果关系密切，金融工具准则与巴塞尔银行监管委员会等以及评级机构、银行业协会等自律组织的工作及其成果关系密切，保险合同准则与保险精算及其他保险行业标准及监管机构的工作及其成果关系密切，但IASB都没在相关准则中直接引用此类机构的成果，甚至尽可能避免使用一些关键术语，如在制定新金融工具会计准则时，避免采用任何机构对呆账、坏账、投资以及金融工具等的定义。

ISSB首批颁布的两个准则引用了好多其他机构的准则。从正面去理解，可持续披露是一个生态，ISSB不可能什么都自己做。与其他机构互相引用对方的准则有助于协调这些准则间的关系，避免不必要的差异。从负面去理解，ISSB为何引用这个而非那个机构制定的准则？如何认定引用的准则是最好的？被引用的准则有自己的形成历史，及制定和修订程序，简单引用是否会受到其他准则制定机构的牵制？是否给人印象是与其他准则制定机构互相抬举、互相利用？这些都是准则制定机构不得不思考、不得不平衡或需要尽可能避免的问题。

第八，ISSB和IASB间的关系。自国际会计准则委员会(International Accounting Standards Committee, IASC)在1973年成立起，或从2001年IASC改组为IASB起，这两个组织的工作一直主要围绕三张传统财务报表及其附注展开。当然，由于经济交易越来越复杂，所制定的IFRS也变得越来越复杂、具体。很多国家或地区在过去20年决定采用IFRS，IASB需回应来自这些国家或地区的诉求，也使其所制定的准则更为复杂。再者，由于更强调使用者的信息需求，IFRS也有越来越多的披露要求。

近十年，IASB已注意到全球在公司治理、无形资产价值、ESG、可持续发展等方面的信息需求和各种准则及框架制定的新动向，因此，专门设了一个名为"广义报告"(Broad Reporting)的项目。但研究约两年后，IASB决定放弃这方面的研究，而将精力集中于既定准则制定和修订项目。不过，IASB也将"更好沟通"作为其过去十来年的工作重点，主要是在业绩报告、管理层讨论与分析、会计政策的披露等项目上持续推进，但基本没涉入ESG或可持续披露涵盖的领域。

部分由于IASB以上的自敛行为，IFRS基金会在征询各方意见的情况下，于2021年11月宣布与IASB平行，成立ISSB。ISSB成立后也注意与IASB协调，不时召开联席会议，讨论双方所制定准则的互通性。但也不可避免面临一系列如何处理两者关系的问题，如：(1)是否共享一个概念框架？若是，是否应修订现有概念框架？若是，应如何修订？(2)当一方的工作可能需要另一方采取行动，或可能溢出至另一方的工作，或两者需要采取行动互补时，该如何协调？如气候相关风险和机遇的短、中、长期财务影响哪些应由IASB通过制定或修订IFRS加以反映？若需这样做时，IASB会否突破现有概念框架和既定准则？若是，应如何实现IASB和ISSB准则的再平衡，如何实现IASB制定的IFRS及其概念框架的再平衡？又如IASB有不少准则涉及未来财务信息的预计和估算，甚至要基于企业是否在未来持续经营，所有相关的方面以后应由IASB还是ISSB来负责，或两者如何既分工又协作？无形资产、企业合并、资产减值、金融工具减值、准备和或有事项准则的修订都是典型的例子。

第九，ISSB颁布的准则会否为各国或地区采用？IASC在2001年改组为IASB时，不仅整个世界处于全球化的浪潮中，欧盟的一体化也在持续推进。欧盟在2002年率先宣布其成员国的上市公司从2005年起全面采用IFRS编制合并报表。也因此，欧盟一直是IFRS基金会及IASB的领导力量。至今除第一任外的所有基金会主席，以及所有几任IASB主席都是欧洲人即为明显的证据。

在可持续发展及其披露方面，欧盟却单兵独进。首先，欧盟国家这方面的意识和行动较早，较坚决；其次，近十多年世界已偏离全球化的轨道，甚至向逆全球化方向发展；最后，2020年英国脱欧。在这样的背景下，欧盟在制定可持续披露准则方面走在前面，首批准则较多且成体系。今后欧盟肯定会在制定新准则过程中与ISSB协调，寻求互通性。但并无任何迹象表明，欧盟在可预见的未来会放弃自己的准则制定计划，改用ISSB制定的准则。

再看美国。20世纪90年代初期，美国曾是会计准则国际趋同的主要推动者，IASC改组为IASB过程中美国也扮演了关键的角色。IASB成立后第一个十年，其工作计划也在相当程度上是与美国准则趋同的计划，目标是让美国放弃本国会计准则。但2008年起，美国开始逆全球化而动，在2012年完全放弃了与国际准则趋同的路线图，终止了与IASB的会计准则趋同上的合作。此后美国始终强调将保护本国投资者放在首位。在这样的背景下，美国官方采用ISSB准则的希望几乎不存在，制定本国可持续披露准则的前景也存在极大的变数。2022年4月美国证监会发布了一个有关气候相关披露规则的征求意见稿，原定2023年上半年将正式颁布，但一直拖到2024年3月才颁布最终规定，且完全没有关于范围三的披露要求，范围二的披露要求也较IFRS S2宽松，有很多限定或豁免可能。即便如此，美国证监会仍面临着各方面对这一规则的质疑甚至司法诉讼。

美国在制定可持续披露准则方面的不确定性，一是源自民主和共和两党在包括气候在内的许多重大问题上立场明显对立;二是源自美国各州的不同意见,以及州政府与联邦政府的不同意见;三是源自可持续披露相关议题涉及太多的政府部门,难以统一。这与 20 世纪 30 年代起美国证券市场会计信息披露规则及其监管一直归美国证券交易委员会独家监管完全不同。

欧洲和美国之外,其他国家或地区是否采用以及如何采用 ISSB 准则的前景同样不很明朗。特别是,可持续发展信息最主要的提供和使用方是证券市场和其他各类金融机构,而主要国家和地区证券市场和其他金融机构信息披露规则的制定和监管都早已形成完整的体系。如何将 ISSB 制定的准则融合进这些国家和地区现有信息披露体系不是一个能轻易解答和决定的问题。此外,ISSB 仅颁发了两个可持续披露准则,其中一个是通用性主题准则,未来几年不确定能正式出台几个准则,而各国监管机构则需要较全面的准则体系。因此,现阶段,各国更可能处于不知是否应向 ISSB 准则趋同的尴尬状态。

三、我们应有的对策

绝不能认为 ESG 或可持续发展的基本理念、重要议题甚至披露都是舶来品。首先,ESG 或可持续发展的基本理念与我们党和国家的基本治国理念和几千年历史形成的中华文明是一致的。其次,ESG 或可持续发展的重要议题也是近几十年来我国一直非常重视的,已形成一系列政策、法规、措施,并一直在扎实推进。最后,ESG 或可持续发展披露方面我们也已有大量的规则和实践的积累。当然,我们也不应否认最近几年全球在这方面的发展确实如火如荼,对此我们也不应置若罔闻,而应采取一系列对策。

第一,全方位地积极参加相关国际准则的制定。可持续发展及其披露已成全球潮流,中国也想成为一个负责任的全球大国,我们要积极参与相关准则的制定,争取主动,为我所用。目前在可持续发展及其披露方面国际组织和框架林立,而且有不断增加的趋势。我国实质性参与的并不多。在政府机关编制有限、年度出国次数也严格受限的情况下,应争取、鼓励、支持企业、社会团队、学术界等各方面的专家全方位深度参与这些国际组织及其准则的制定工作。为此,应加强人才培养和相关方面的研究,也要推进中国相关准则的制定和实施。只有自己脑子里有东西,也有丰富的本国实践经验,我们在国际准则制定中才有真正的发言权和影响力。空着脑子去是没用的。中国现在是世界上最大且最复杂的经济体之一,笔者相信,经过我们自己的实践,肯定会积累出很多丰富有益的经验,在国际准则制定中做出我们的贡献。争取主动,为我所用,而不是被人家牵着鼻子走。

第二,分工协作,加快制定本国的可持续披露准则。中国既是一个全球数一数二的大国,也是一个部门分管复杂的国家。因此,存在一个由一个政府部门单独制定还是多个政府部门分工制定可持续披露准则的大问题。笔者比较主张由各个政府机关分工来做,但是要有协调。

可持续发展及其披露涉及面非常广,相关业务或行为在不同政府机关的职责范围内。

如气候相关的属于发改委和生态环境部的职责；住宅和城市建设相关的保暖、排污属于住宅和城乡建设部门的职责；劳动保护属于劳动人事部门的职责；信息安全和隐私保护属于网信办或国家数据局的职责；反腐属于纪检和监察部门的职责；上市公司、证券公司和证券投资基金的可持续发展相关投资属于证券监管部门的职责；银行和保险公司的绿色投融资属于央行和金融监管总局的职责；可持续相关事宜涉及如何在财务报表确认计量的是财政部门的职责等。

我国一直强调依法治国。过去二三十年，我国已建立起全面系统的行政监管、行政处罚、行政复议、行政诉讼等制度。各政府机关的监管权由相关法律和法规严格限定。可持续行为和披露准则制定和监管分属不同的政府部门，必然会面临执法和处罚职能重叠、真空、冲突等现象，因此，需在党中央及国务院领导下加强协调。

第三，分步推进，而绝不能一蹴而就。我国地区间、行业间、企业间差别非常大。另外，企业国际化程度的差别也很大。因此，在实施可持续披露方面应分步推进，绝不能一蹴而就。笔者建议，第一步可考虑在 A、H 股公司中实施，这基本包括了所有主要行业的大型和特大型国营和民营上市公司，以及主要银证保等金融机构。这些公司或机构数量并不大，但对 GDP、就业、税收等的贡献却相当大，国际化程度也相对较高。在这些公司或机构中先行既有必要，也相对可行。若这一想法可接受，直接监管这些公司和机构的证监会、中国人民银行、金融监管总局等在披露规则的制定和监管方面应发挥更大或关键的作用。

第四，全面调动社会力量，充分利用社会智慧。我国地域广阔，行政层级多，经济规模大。但国家一直努力控制政府机关的人员编制。可持续发展主要议题在相关政府机关可能归一个司局，甚至一个司局的一个处管，每个处可能仅有两三个人，多也多不了多少，根本没有必要的能力或充分的精力来管好相关工作。因此，要全面调动社会力量，充分利用社会智慧。可喜的是这几年在可持续发展及其披露领域，我国全社会各方面都超乎想象的活跃，进行可持续发展及其披露研究和实践的企业、社会团队、中介机构、高校等教学研究机构无以计数。我们要全面调动他们的积极性，充分发挥他们的作用。相信，在政府和民间的共同努力下，在五至十年内，我国会比世界许多其他主要国家做得更好。我们能做得更好的一个重要原因是可持续发展的理念与我们党和国家的治国理念和政策是高度吻合的，如生态文明、和谐社会建设、乡村振兴等新发展理念。这与一些西方国家政党激烈斗争、内耗完全不同。

第五，建立兼顾社会价值为目标的绩效评价体系。近年来，相关政府机关、学者和社会团体等都在提倡兼顾社会价值的绩效评价体系。笔者对此是非常赞成的。过去三四十年，我国从中央到地方投入巨资，进行大规模的高速公路、高铁、地铁、港口、机场、电网、通信网络、天然气管道等基础设施的建设。它们的社会价值重大而深远，但做相关投资、建设和管理的企业及融资平台在短中期内呈现了负债比例高、偿债能力差、持续亏损等现象。我们应努力建立新的评价体系，正确反映它们的财务状况和经营绩效，纠正社会对它们的不正确认识。

第六，防止可持续信息被用于地缘政治和贸易保护主义目的。可持续发展及其相关信息披露准则并不是出于地缘政治及贸易保护主义的目的。但是不排除相关企业基于这些准则的信息披露被地缘政治和贸易保护主义利用的可能。最近几年美国对中国禁这个禁那个，欧盟也在跟进。理由不少与可持续披露信息涉及的议题相关，如环境、劳动保护、人权、信息安全、反腐等。对此，我们应警惕，也应有相应预案。

第七讲　国际可持续披露准则的最新进展、全球动向与中国行动[①]

王鹏程[②]

ESG理念的提出已有20多年，其发展与应用在近几年得到了极大提升。在国际市场，众多国家和国际组织均发布了关于ESG披露的新标准和新规则。在中国，财政部、证监会等部门也逐渐认识到ESG的重要意义，纷纷出台相关准则与指引，预示着中国ESG发展正逐步迈向强制披露阶段。了解国际可持续披露准则的最新进展、全球动向与中国行动，对学界乃至业界理解和应用ESG具有重要意义。

一、ISSB发展历程与首批准则发布

最近两年，我开始投入ESG领域的研究。过去我在德勤时从事金融服务行业，主要做金融；在安永期间，我们有一个比较大的团队专门从事ESG服务，这个团队成立于2007年，整体而言我们的ESG市场份额比较高，国内绿色债券服务占比基本达到70%，许多大公司的ESG鉴证服务也选择安永来提供。安永大中华地区的员工超过两万人，我之前负责的审计条线超过一万人，其中与ESG相关的超过200人。

今天，我将向大家介绍国际准则的最新进展、全球趋势以及中国的相应举措，这些都是极为重要的议题。因为这些信息有助于我们全方位了解国际及国内的情况。本次分享内容主要分成四块：第一块是有关ISSB准则的基本情况，第二块是介绍有关最新的进展，第三块是介绍各国的动向，第四块是介绍中国最新的一些情况。下面从ISSB发展历程与首批准则发布说起。

（一）ISSB发展历程

对于ISSB（国际可持续准则理事会），相信大家并不陌生，因此我在这里就简要介绍一下情况。ISSB成立于2021年11月3日，即“格拉斯哥全球气候大会”期间。其历史背景大家也知道，自1992年联合国大会（里约大会）后，全球ESG披露风起云涌，在此之后，全球诞

---

① 本文为2024年6月4日上海财经大学富国ESG系列讲座第34期讲座内容，由池雨乐整理成文。

② 北京工商大学商学院教授、博士生导师，兼任中国会计学会企业会计准则专业委员会主任委员、中国上市公司协会ESG专业委员会专家委员及财务总监专业委员会副主任委员、中国企业管理研究会ESG专业委员会副主任委员。

生了很多ESG主流的信息披露框架，算起来有1 000多个有关ESG披露的框架，其中最早成立于1997年，包括GRI、CDP、SASBI、TCFD等。在这种情境下，众多企业根据多样的标准发布ESG披露报告，这最终导致了严重的问题：一方面，不同企业披露的信息缺乏可比性；另一方面，企业需要根据多个标准披露，这无疑增加了披露成本。因此，国际社会利益相关方对于建立全球通用、可比的可持续披露标准的呼声是非常强烈的。而ISSB也正是在这样一个背景下成立的。

回顾ISSB的重要里程，早在2020年时就开始酝酿成立ISSB，以制定全球统一的可持续披露准则。在此背景下，ISSB由20国集团推动，由国际证监会组织（IOSCO）出面，最终把这项工作交给了国际财务报告准则基金会。为什么要交给国际财务报告准则基金会呢？是因为国际财务报告准则基金会自2001年成立后，推动国际财务报告准则发展得很快，对于全球170个司法管辖区而言，到目前为止有147个国家完全采用国际财务报告准则，有13个国家（包括中国）采用了跟国际财务报告准则等效的会计准则。

换句话说，在会计准则领域，国际财务报告准则已经成为全球通用的语言，已经成为全球共识，其准则的质量之高也得到了各方认可。基于国际财务报告基金会制定会计准则的经验，最终决定把这项工作交给了它，并酝酿成立ISSB。

ISSB成立之后迅速推进，整合了包括SASB、综合报告委员会和CDSB在内的多个机构。在合并三个机构的基础上，通过五大机构的联合出台了准则原型。两项准则的征求意见稿发布于2022年3月，随后很快通过多方讨论和最后的征求意见，最终在2023年6月26日发布了两项准则，第一项是有关一般披露的准则，第二项是有关气候披露准则。这两个准则发布后不到一个月的时间，即在2023年7月25日，就得到了ISOCO的背书。ISOCO认可这两项准则非常重要，该组织全程参与了这两项准则的制定。一般而言，会计准则通常不可能在一个月左右的时间就得到ISOCO的背书，但是这两项准则做到了，其重要意义不言而喻，ISOCO进一步呼吁全球资本市场要采纳和应用ISSB发布的两项准则。

回看有关ISSB发布的准则，有几个很重要的特点，第一个特点是以价值为导向采用单一重要性原则。为什么以价值为导向？这是因为其背后是ISOCO，与会计准则一样要服务于投资者决策，所以要立足资本市场，透过这些信息来评估企业价值。在这种背景下，它主要考虑的是外部对企业的影响。可持续准则有双重重要性和单一重要性两种考量，单一重要性原则就是财务重要性原则，双重重要性原则还包括影响重要性原则。ISSB准则既然定位为以价值为导向，它就会考虑单一重要性原则。当然，ISSB准则的理事们没有特意考虑这一点，只是从准则内容上说不可避免地带有单一重要性原则的烙印。

特别重要的是，将有关可持续信息的披露定位为财务报告的组成部分，打破了我们原来的认知。它认为财务报告由两个部分组成：第一部分是按照国际会计准则理事会（IASB）制定的IFRS会计准则编制的财务报表，这是传统财务报表的概念；第二部分是根据ISSB准则所披露的与可持续内容相关的财务信息。

这种定位实际上颠覆了传统的观念，即将与可持续发展相关的财务信息披露视作财务报告不可分割的一部分，这与许多人的原有看法存在差异。但实际上这和整个国际会计准则的定位有很大关系，国际财务报告准则从 2010 年开始就把管理层讨论与分析或管理层评论等视为财务报告的组成部分，因此从历史上看是一脉相承的。

在这样的背景下，国际准则在制定时有一个特别重要的定位：它制定的是全球的基线准则。ISSB 的基准构建与“搭积木”框架如图 1 所示，全球基线准则指的就是图 1 所示的深色色块，也就是说国际可持续披露准则做的是可持续信息披露的全球最低要求的准则，基线的含义就是由 ISSB 制定的、全球只要披露可持续信息就至少应该披露的内容要求。

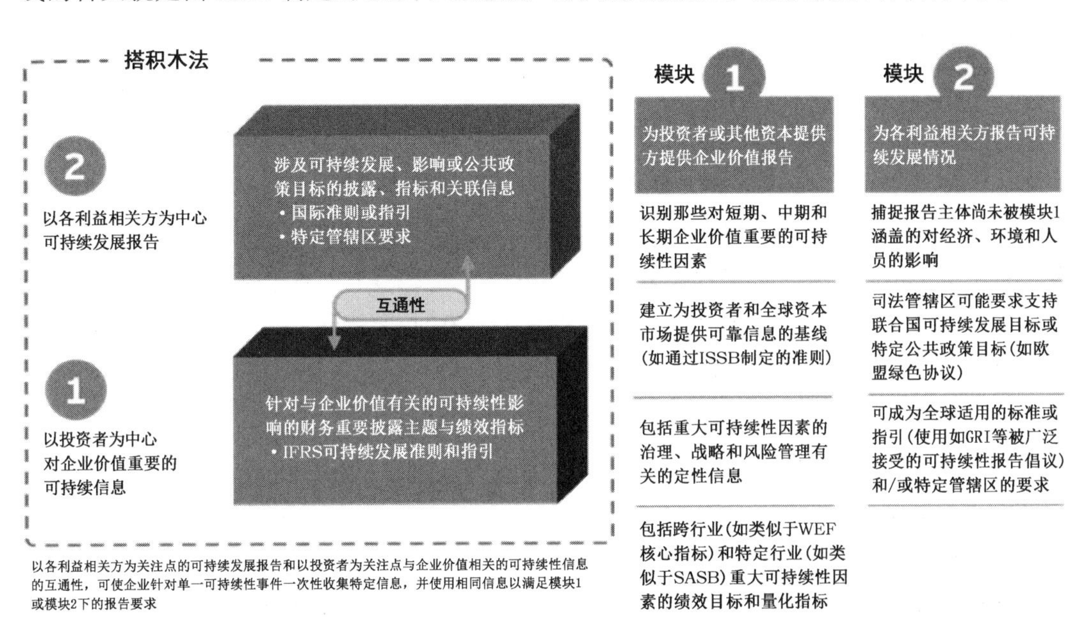

图 1 ISSB 的基准构建与“搭积木”框架

当然，ISSB 准则与会计准则有所不同，会计准则如要采用，就应当都采用，而可持续准则不一样，各个国家有不同的要求。所以在这种情况下，ISSB 没有办法同时满足有关各方的全部要求，因而只制定最低限度的要求。也就是说，它的定位是基线准则。同时，它是允许搭积木的。一方面，由于 ISSB 准则的定位是财务重要性原则，其他机构就可以往里面添加其他有关要求，如影响重要性原则的相关披露要求等。另一方面，考虑到每个国家的情况不一样，所以在基线准则的基础上，每个司法管辖区可以根据自身需要添加一些额外的披露要求。这就是在基线准则上通过搭积木方式来构建准则的思想。同时这也意味着，无论是中国制定准则，还是其他国家制定准则，你都可以在其中添加所在国家的额外要求。当然，ISSB 也说了基线准则是必须满足的要求，这是 ISSB 准则的基本思路。

（二）可持续相关财务信息披露一般要求（IFRS S1）

首批 ISSB 准则有两项，分别是可持续相关财务信息披露一般要求（IFRS S1）和气候相关披露主题准则(IFRS S2)。下面我简单地介绍一下相关内容。

可持续相关财务信息披露一般要求(IFRS S1)是第一号准则,其目标是要求企业披露有关可持续风险和机遇的重要信息,该信息有助于财务报告主要使用者做出决策。这里有两个含义,一个是"通用目的财务报告",因为我们的会计准则是服务于资本市场的,它需要满足财务报表的主要使用者(即投资人)的要求,而可持续相关信息既然被定位为财务报告的组成部分,其使用者也应保持一致。另一个是"可持续相关风险和机遇",即可合理预期会影响企业短期、中期和长期现金流量、融资渠道和资金成本(统称为"企业发展前景")的可持续相关风险和机遇。由此可见,风险和机遇最终是跟现金流、资金成本和融资成本等财务信息相关的。

关于重要性原则,其定义和会计准则的定义一模一样,没什么差别。具体来说,如果漏报、错报或模糊信息,将影响通用目的财务报告使用者基于特定企业的可持续相关财务信息做出决策,该信息就是重要的。另外,它和会计准则的应用也一样,准则要求但不重要的,可以不披露;准则不要求但重要的,也需要披露。

再看一下ISSB一号准则规定披露的具体内容,包括四个要素,这四个要素大类与TCFD一模一样,但具体内容略有差异。比如说治理方面,TCFD总共有2条,ISSB准则中有7条,且这7条内容是在TCFD基础上的细化;再比如说战略方面,TCFD只有3条,ISSB准则中有5条,这5条的内容跟TCFD基本上是相近的,同样也是有所细化。在风险管理方面,TCFD有3条内容,但具体内容上也有所差别,主要在于TCFD只讲识别和评估,但ISSB准则要讲排序是什么、如何监控等,这些都是嵌入在风险管理中的。还有一点需要注意的是,TCFD没有机遇,只有风险,而ISSB还包括机遇,这一点也有所不同。最后是指标和目标方面,TCFD是3条,一号准则在此基础上又进行了细化,提出了一些新的指标,包括SASB的指标等。

还有一些其他内容,比如说报告的位置,这是ISSB很重要的一点。它不同于其他准则,它对于在何处披露没有强制性的规定,可以单独披露,也可以在管理层讨论和分析中披露,还可以在年报中的相关章节披露等。该准则在这一点上和其他ESG主流的框架不一致。在何处披露没有关系,但不能模糊需要遵从ISSB披露的相关信息,企业必须清楚地、醒目地披露信息,且这些内容不能被模糊。关于报告时间,可持续相关信息应与相关财务报表同时发布,且涵盖的期间应与财报保持一致(通常为12个月),与此同时,对于准则强调重要的期后事项要进行相关说明。

与此同时,准则还提出了有关可比信息要求和合规声明,强调了符合ISSB准则就必须声明。但有两点是可以豁免的,第一个是法律法规禁止披露的内容可以不披露,第二个是如果可持续相关机遇的信息具有准则所描述的商业敏感性,企业也可豁免披露。但需要强调的是,只有跟机遇相关的披露信息可以豁免,与风险有关的则不可以豁免。因此,不能将与风险相关的信息认作商业机密,该种情况下即便是商业机密也不可豁免。这是有关合规声明方面的一些要求。

（三）气候相关披露主题准则（IFRS S2）

刚才讲的是一般准则（IFRS S1），下面再看一下气候相关的信息披露（IFRS S2）。气候相关信息当然是用来披露有关气候的风险和机遇。气候相关披露准则涵盖的其实是企业所面临的各种气候风险，包括物理风险和转型风险，其中物理风险涵盖急性风险和慢性风险。此外，气候相关披露准则还涵盖了气候相关的机遇。

气候相关披露的目标是了解企业在气候相关风险和机遇方面的业绩，包括其实现目标所取得的进展，包括企业设定的和法律法规要求企业实现的目标；在此准则下企业应披露的内容主要有三：其一是跨行业指标，其二是特定行业指标，其三是企业设定的或法律法规要求的减缓或适应气候相关风险或最大化气候相关机遇的目标，包括用于衡量实现情况的指标。

其中，ISSB 气候准则要求披露的行业指标包括温室气体排放（范围一、范围二和范围三都要披露）、转型风险、物理风险、气候相关风险和机遇、针对气候相关风险和机遇的资本配置情况、内部碳价格、高管薪酬等，这些都是行业通用的一些指标。除了行业通用指标外，还有行业实施指南，它是把 SASB 的指南作为二号准则的附件，纳入二号准则的行业实施指南中来体现的。SASB 的指南分成 77 个行业，每个行业有 4～5 个主题，对应的指标规定更为详细一些。因此，ISSB 在制定二号准则时，对 SASB 的准则进行了调整，最终变成 68 个行业，且每个行业有相应的一些指标。

财政部的网站或 ISSB 的网站已经公布了两个准则翻译后的中文稿，有关二号准则的书非常厚，现在已经出来了。其内容非常丰富，仅行业披露指南就有 500 多页。以上就是两个准则的基本情况，这两个准则都是从 2024 年 1 月 1 日开始执行的。

二、国际可持续披露准则最新进展

下面我们进入第二部分，有关国际可持续披露准则的最新进展。

第一，刚刚谈到 SASB 准则涉及 77 个行业，ISSB 调整为 68 个行业。但 SASB 的准则包含很多底层标准，其中一些指标实际上都还是美国标准。SASB 准则实际上是 2018 年制定的，SASB 最早于 2011 年成立，其成立初衷就是面向美国资本市场，解决如何向美国公众披露这些信息的问题。既然面向的是美国资本市场，SASB 的很多底层指标就是美国标准，而非国际标准，因此在其他国家不适用。

举一个很简单的例子，石油行业要披露碳排放量，一定要披露什么信息呢？关于石油储量的问题全球有很多标准，如中国和美国都有自己的标准，SASB 当然是基于美国标准，而非中国标准。大家在研究公司年报时也可能看到石油储量，因为除 ESG 信息披露外，上市公司的年报也会披露相关信息。中国的石油公司在海外上市的特别多，其中包括很多民营的石油公司，其中绝大多数都是按照美国 SEC 的储量标准披露的，仅有个别是按照中国的石油储量标准披露的。但不管怎样，这里想说的是 SASB 的标准背后主要反映了美国标准,而国际上并不完全适用。

在这种情况下,S2准则出台时只能作为参考性指标。并在其颁布后不久的2023年4月,ISSB批准提高SASB国际适用性方法论征求意见稿,拟通过五种方法对特定指标进行再修订,以期提高SASB准则的国际适用性。如何进行国际化改造呢?很显然,可以将美国特有的、不适合其他国家的指标予以替换或删除,从而实现目的。最终,ISSB修订了216个不具有国际适用性的非气候相关指标。修改完成之后,于2023年12月发布了最终的SASB准则,是完成了国际适用性改造后的SASB准则。改造完成后,行业应用指南就不再只具有参考意义,必须强制性地按照这些行业披露指南披露。

当然,ISSB也制定了有关过渡期的政策。比如,原来采用SASB原则披露的企业,可以给予一年期的过渡时间,所以它实际上也考虑了各个企业的情况。总而言之,这里想要告诉大家的是,SASB准则进行国际化改造后已经成为强制性准则,这是ISSB所做的第一项工作。

第二项工作是确定未来两年的优先工作事项,我们可以从中看出ISSB准则具有以下几个特点:第一,未来两年的优先工作事项并没有完整的路线图,不像欧盟的准则路线一样清晰,明确了从什么时候到什么时候要制定什么准则。

第二,优先工作事项的重点有两个,一个是在全球范围内支持和推广一号准则和二号准则的实施和应用,另一个是明确启动两个新项目,即有关生物多样性、生态系统和生态服务(BEES)项目与人力资本项目。实际上刚开始设计的是四个项目,另外两个是人权项目和财务报表的整合项目,但这两个项目最后都没有确定为未来两年工作的优先项目。最终确定下来的是BEES和人力资本两大项目。其中,ISSB和GRI决定合作制定有关生物多样性的准则,未来生物多样性准则既可以满足GRI的要求,也可以满足为投资者服务的一些要求。

第三,有关司法管辖区指南。2023年7月,ISSB发布了《司法管辖区实施IFRS S1和IFRS S2之路——采用指南概述》征求意见稿,提出了支持各国和地区实施ISSB准则的四大采用策略,并于2024年5月28日正式发布。它规定了相关司法管辖权如何使用(包括配套措施)。这里有很多基本要求,如何时采纳ISSB准则、采纳准则的最低要求(如必须披露范围三数据)等。特别重要的是,在这个司法管辖区指南中进一步明确了一号准则的相称性原则、过渡性措施和有关司法管辖区分阶段实施的指南。最后,它还有一些配套机制,如提供相应培训等。

关于相称性机制,这在ISSB准则中是特别重要的。企业的相关披露需要同企业自身的知识、经验和能力相称,这在很多条款中都有所体现。否则会无形加大披露难度,很多企业将难以按照ISSB准则披露。当然,企业不能简单地以能力不足为借口而不披露信息,而是要通过评估其能力和资源,以判断企业是否需要定量分析,如果能力确实不足,可以通过定性方式披露。这就是所谓的相称性机制。去年我们走访了很多企业,发现这一问题在我们国家也是存在的。

关于过渡性措施,如果企业相对而言没有过渡期安排,直接执行准则的难度会很大。

为企业提供过渡性措施可以引导企业循序渐进地开展相关工作，如让企业先执行 S2 准则，再比如可以为企业在报告时间上提供额外缓冲，可持续相关信息与年度财务报表同时披露的要求可能众多企业都无法做到，所以可以在准则执行的第一年给企业提供更多的准备时间，通常为 8～9 个月，这一做法也有助于企业计算需要跨年比较的指标。如针对温室气体范围三指标，准则允许范围三信息披露可以获得额外一年的缓冲期，这就是所谓的过渡性措施。

三、可持续披露准则的全球动向

下面向大家介绍国际可持续披露准则的全球动向，主要包括欧盟、美国和其他司法管辖区、国际组织等。

(一)欧盟

首先是有关欧盟的情况。其实欧盟在准则方面进展是靠前的，早在 2014 年欧盟就制定了《非财务报告指令》(NFRD)，正式于 2018 年生效。大家都知道 2015 年《巴黎协定》签署，欧洲人对此非常重视，因而很快就推出了所谓的欧盟绿色新政，并围绕欧盟绿色新政出台了一系列法律，包括欧盟的气候法、可持续披露法等。当时就提出要修改 NFRD 的要求，其原因如下：第一，NFRD 对可持续信息披露，如环境、社会和治理维度到底披露还是不披露并不清晰；第二，过去 NFRD 对可持续信息披露的鉴证没有要求，所以其质量令人担忧；第三，原 NFRD 要求的范围较小。

在此背景下，欧盟推出《可持续发展报告指令》(CSRD)，该指令于 2021 年年初发布征求意见稿，主要内容有几点：第一，CSRD 将规定如何披露 ESG；第二，将范围从大企业评估扩大至中小企业都要参与评估；第三，授权欧盟的财务报告咨询组，由他们来制定可持续披露准则；第四，强制要求今后的可持续报告要经过第三方鉴证。以上几点就是 CSRD 与 NFRD 最大的不同，我们也可由此看出欧盟所谓的可持续报告与国际准则(ISSB)最大的不同。

征求意见后，CSRD 于 2022 年 12 月正式发布。发布以后，欧盟委员会在 2023 年 7 月 31 日发布了第一批 12 个欧洲可持续发展报告准则(ESRS)，包括 2 个跨领域交叉准则及 10 个环境、社会和治理主题准则。

2024 年 1 月 1 日，ESRS 生效，并要求受原《非财务报告指令》约束的企业实施 CSRD 的最后期限为 2024 年 1 月 1 日，符合要求的大型企业的最后期限为 2025 年 1 月 1 日，其他中小型上市企业、小型和非复杂信贷机构、自保保险企业等的最后期限为 2026 年 1 月 1 日。按照 CSRD 的要求，我国许多在欧盟发债发股的公司、在海外上市的公司、在欧盟有子公司的企业、在欧盟收入超过 1.5 亿欧元以上的公司等，都需要满足 CSRD 的要求。因此实际上 CSRD 以及 ESRS 对我国的企业影响也很大。

欧盟可持续报告准则(ESRS)的具体类别、编号和名称如表 1 所示。其准则模块分成通用准则和主题准则，通用准则包括一号准则和二号准则，其中一号准则为一般要求，二号准则为一般披露，其实这两个准则加起来等同于 S1。但这两个准则与 S1 相比存在几个重要的差异：第一个重要差异在于，欧盟准则的使用范围更广，不仅仅是资本市场，其他小企业也可以使用；此外，它服务的对象包括更广泛的利益相关者、更多元的利益主体，所以它采用的是双重重要性原则，考虑了影响重要性，而不仅仅是财务重要性。第二个重要差异在于，欧盟的一号准则对于尽职调查的要求写得非常明确，指出识别企业的影响风险时要开展尽职调查，这与尽职调查法律是一脉相承的，而国际准则没讲尽职调查。第三个重要差异在于，欧盟准则强调要披露有关影响信息，还要披露跟可持续事项相关的政策内容及资源投入等。

表 1　　欧盟可持续报告准则(ESRS)的具体类别、编号和名称

准则类别	准则编号	准则名称
通用准则	ESRS 1	《一般要求》(General Requirements)
	ESRS 2	《一般披露》(General Disclosures)
环境准则	ESRS E1	《气候变化》(Climate Change)
	ESRS E2	《污染》(Pollution)
	ESRS E3	《水与海洋资源》(Water and Marine Resources)
	ESRS E4	《生物多样性与生态系统》(Biodiversity and Ecosystems)
	ESRS E5	《资源利用与循环经济》(Resource Use and Circular Economy)
社会准则	ESRS S1	《自己的劳动力》(Own Workforce)
	ESRS S2	《价值链中的工人》(Workers in the Value Chain)
	ESRS S3	《受影响的社区》(Affected Communities)
	ESRS S4	《消费者与终端用户》(Consumers and End-user)
治理准则	ESRS G1	《商业操守》(Business Conduct)

最重要的是，欧盟的可持续相关信息披露是单独披露的，但目前为止我们也没想好到底应该翻译为“说明书”还是翻译为“报告”。在欧盟的一号准则里，它将可持续报告准则定位为公司报告的组成部分，与财务报告并列；而国际准则把它放在财务报告中，作为财务报告的一部分，这也是欧盟准则与国际准则的一大不同。

在欧盟可持续报告准则的环境类别中，目前出台的有气候变化、环境污染、生物多样性等准则。从欧盟的气候变化准则制定目标来看，其与国际准则也不一样，国际准则是规范披露，而欧盟制定的准则有六个目标，包括企业在减缓气候变化方面所付出的努力、同《巴黎协定》一致的行动包括哪些、转型计划包括哪些等。这个准则中有关披露的指标和目标与 S2 要求有所不同的是，它加入了能源结构和能源项目，而 S2 准则与能源没有关系。

讲完《气候变化》准则后，该准则加上两个通用准则，一共三个准则，就等同于 ISSB 准则 S1 和 S2。因为 CSRD 要求欧盟财务报告咨询组在这一部分要充分考虑 ISSB 准则，使得制定的准则在国际上有互操作性。欧盟最后审核时，其实有一张与 S1 和 S2 对照的表，对比了欧盟最后发布的准则与 S1 和 S2 的披露要求，以保证欧盟准则与 ISSB 准则具有高度的互操作性。

总而言之，欧盟一下子发布了 12 个准则。与此同时，它制定了几个行业准则，包括油气、矿产、交通和农业等行业，其行业准则的初稿已经完成了。此外，有关中小企业的披露准则草稿也已经出来了。欧盟准则推进的速度非常之快，关于重要性原则、价值链相关指南等都已完成定稿。其中，重要性原则在可持续信息披露过程中非常重要，价值链相关信息也是如此，价值链信息在判断时非常复杂和困难，要决定哪些信息披露，哪些信息不披露等。以上就是欧盟准则的最新情况。

（二）美国

美国证券交易委员会（SEC）于 2022 年 3 月 21 日发布了气候信息披露规则提案，并面向公众公开征求意见，但出于各种原因，该提案被一再搁置。最终，SEC 于 2024 年 3 月 6 日以 3∶2 的投票结果通过了气候披露规则。当时美国网站上关于气候新规有两万多条反馈意见，数量非常多。但是我几乎没有见到一家中资企业去提反馈意见，而现在中概股在美国上市的将近有 300 家，说明这些企业没有一家提出反馈意见。最终稿发布以后，我们业界圈子中都认为这是一个很大的退步，因为原来范围三温室气体排放量是要披露的，但现在无需披露了，对于范围一和范围二的温室气体排放数据也仅仅是在很重要的情况下才要求披露。

美国 SEC 气候信息披露规则的主要特征是融合 TCFD，基于 GHG Protocol 核算，突出其财务重要性，并融入财务报告体系。在相关披露规则方面，与草案相比的主要变化有：其一，对部分披露内容使用规范性较低的要求，包括气候相关风险披露、董事会监督和风险管理披露要求等；其二，根据重要性对提供部分气候披露要求进行限定，包括气候风险影响的披露、情景分析的使用以及内部碳定价的披露等；其三，取消所有注册人披露范围一和范围二排放的拟议要求，而是仅对大型加速申报人和加速申报人要求此类披露，提出分阶段进行的做法，并且仅在这些排放具有重大影响并可选择延迟披露时才进行此类披露；其四，取消范围三排放的拟议披露要求。

如何看待这件事呢？在美国，尽管气候信息披露规则要求降低了，出现了明显退步，但美国大企业从很早就开始披露范围三排放数据了，且做得很好。不仅如此，美国企业在碳定价、情景分析等其他非财务信息披露方面都做得很优秀。

美国还有两项最新进展是值得提的，一项是美国加州气候披露法案。该法案于 2023 年 9 月发布，要求在加州运营且年收入超过 10 亿美元的注册人应当每年报告其包括范围一、范围二和范围三在内的所有温室气体排放。此外，还对气候披露提出鉴证要求。另一项是美国政府于 2022 年 11 月提议修订《联邦采购条例》，要求政府采购中的主要供应商披露范围一、范围二和范围三温室气体排放信息。整体来看，这些要求比 SEC 的要求要高。

(三)其他司法管辖区

其他司法管辖区在近年来也有一些动态和进展,大家可以关注一下 ISSB 的网站。现在 ISSB 发布相关规则的国家(包括司法管辖区)共有 21 个,而中国是第 21 个。可以看到这些国家和地区发布的准则整体而言与 S1 和 S2 差不多,但个别国家没有 S1,只有 S2,如澳大利亚只有气候准则,而没有 S1;原来我国香港地区的 ESG 只涉及 S2 要求,但后来经过协调增加了 S1 要求。此外,这些国家和地区绝大多数是单一重要性原则,只有欧盟为双重重要性原则。

(四)国际组织

在国际组织最新动向方面,巴塞尔委员会出台了很多文件,如气候风险相关要求如何嵌入银行风险管理,但有关气候信息披露的规则还是第一次出台。巴塞尔委员会于 2023 年 11 月 29 日专门制定了气候规则,该规则将作为银行体系第三支柱的重要规则发挥作用。这一规则有关气候信息披露,其主体内容与 S2 基本相同,只是要求更为严格,要求银行对各种各样的风险都要报告和披露。这个规则从 2026 年 1 月 1 日开始执行,肯定能够发挥示范作用,我们国家有 5 家全球系统重要性银行以及 20 家左右国内系统重要性银行也会考虑巴塞尔委员会的要求。整体来看,其对银行业的影响很大。

此外,国际审计与鉴证准则理事会出台了有关可持续信息鉴证的征求意见稿,因为欧盟要求建立可持续鉴证,美国也要求进行范围一和范围二温室气体排放数据的鉴证。从全球来看,整个准则出来后自愿鉴证改为强制鉴证已经成为趋势。在此背景下,ISOCO 要求必须制定这一准则,自 2023 年 8 月 31 日出台了有关可持续鉴证准则的征求意见稿,预计将于今年年内发布最终准则。

在欧盟发布各种规则的同时,欧盟的市场管理局(相当于欧盟证监会)发布了一项很重要的有关可持续信息披露监管的征求意见稿,即一个关于可持续信息披露(或可持续报告)的监管指南,其中涉及了如何检查企业,每年检查多少企业,检查多少鉴证机构,检查的重点内容,何种情况下要重新发布报告等细节内容。可以看出,欧盟在可持续披露准则方面已经走得很远了,制定了很多准则和指南。欧盟在这方面的工作已经形成闭环,从披露到鉴证,再到监管,生态链条完整。

到目前为止,我大体上介绍了全球在可持续披露准则方面的最新动态,相信大家已经有了粗略认识,如果想要详细了解,可以关注相关网站信息。

四、可持续披露准则的中国行动

提到我国的可持续披露准则行动,将不得不说香港地区。早在 2015 年,香港联交所就发布了 ESG 准则,规定了遵守或解释的原则,即不想披露就要解释,解释不清楚就要遵循披露准则。从 2015 年开始,中国香港披露 ESG 报告的企业非常多,2 300 多家上市公司中差不多披露了 1 200 家,且都是 ESG 报告。为什么我们要关注香港联交所?因为内地在香港上市的企业非常多,有包括A股、H股、红筹等在内的1 160多家。很多企业在香港上市,但实际运营地点在内地,因此四大会计师事务所每年要在境内服务很多香港上市的企业。

香港特区政府在2023年3月发布了ESG修订指引,当时纳入了有关国际准则的二号准则,而一号准则暂时没有考虑。后来经过讨论,香港特区政府决定在2024年4月19日发布新的ESG实施指引,并将S1和S2内容完全包括进来。

香港特区政府于2024年3月25日发表了有关发展香港可持续披露生态圈的愿景宣言,声明香港地区争取成为全球第一批采纳ISSB准则的司法管辖区。到目前为止,香港联交所发布的ESG指引并不代表着准则,香港准则实际上被授权给香港会计师公会制定。

从ESG指引的适用发行人来看,可以分为大型股发行人、主板发行人(大型股发行人除外)和GEM发行人,其中,大型股发行人大概有119家企业,占整体市值的74.24%。从具体实施日期看,范围一及范围二温室气体排放数据要求强制披露,时间设定为2025年1月1日,距离现在只有7个月左右,时间非常紧张。事实上,范围一及范围二温室气体排放的披露是非常困难的,因为内地很多企业到现在都还没有开始做相关工作。对于范围一及范围二温室气体排放外的披露内容,规定大型股发行人从2025年起采取不遵守就解释原则,并从2026年起要求强制披露;要求主板发行人(大型股发行人除外)自2025年起采取不遵守就解释原则;要求GEM发行人自2025年起采用自愿披露原则。

以上是香港的主要情况,至于内地而言,要着重提及证监会指引作用。2024年4月12日,在证监会统一部署下,沪、深、北三大交易所重磅发布了《上市公司自律监管指引——可持续发展报告(试行)》,定于2026年1月1日开始执行。指引强调了上证180指数、科创50指数、创业板指数和境内外同时上市的公司应当强制披露。这些公司有450家左右,加起来市值大约能达到50%。

中国证监会指引设置了21个议题,这些议题充分考虑了我国国情,反映了在可持续方面的关注重点,也融入了中国特色,如乡村振兴等议题。指引通过定性与定量、强制与鼓励相结合的方式对不同议题设置了差异化的披露要求。

为构建新发展格局、推动高质量发展,积极响应有关各方加快制定我国统一可比的可持续披露准则,明确我国对国际可持续披露准则借鉴策略的需要,财政部于2024年5月27日发布了《企业可持续披露准则——基本准则(征求意见稿)》(下文简称《基本准则》)。在2022年3月21日ISSB发布两项准则征求意见稿后,财政部会同九部委成立了跨部门工作专班,以收集各个企业对于ISSB准则的意见。在ISSB准则正式发布后,立即展开了ISSB准则的中国适用性评估,这一过程历时三个月。随后基于适用性评估,工作专班完成了适合我国国情的方案制定,并进入方案批准、起草准备、反复讨论的各项阶段,直至公开发布征求意见稿。

《基本准则》的基本思路为“积极借鉴,以我为主,兼收并蓄,彰显特色”。其中,“积极借鉴”是指在ISSB准则基础上制定准则;“以我为主”是指要从国际准则中剔除不适用中国背景的内容;"兼收并蓄"是指要充分借鉴,中国作为社会主义国家更应该要求双重重要性原则,且在广泛的意见征求中,95%的人都认为中国要遵从双重重要性原则,所以我们一定要在ISSB准则单一重要性的基础上加入影响重要性原则;"彰显特色"是指在ESG领域中,我国要展现出具有特色的、优秀的中国ESG实践行为。这些原则都需要我们在制定准则的过程中得以体现,明确的总体思路就是以上四点。

《基本准则》的定位为:适用于所有企业,满足广泛利益相关方的要求,既考虑财务重要性原则又考虑影响重要性原则。其中,"适用于所有的企业"是指不仅仅局限于资本市场,不仅适用于上市公司也适用于非上市公司,不仅适用于国有企业也适用于民营企业和外资企业,不仅适用于大型企业也适用于中小企业。

正如我刚才所说的《基本准则》是成立工作专班一起设计完成的,各个部委参与其中,体现了"共建、共治、共担"原则。准则定位为国家统一的可持续披露准则,或者说这一准则将拉开国家统一可持续披露准则体系建设的序幕,并描绘了未来路线图。

最后是准则体系,《基本准则》征求意见稿第三条指出,企业可持续披露准则包括基本准则、具体准则和应用指南。其中,具体准则主要是指主题准则,应用指南可分为两个层次:行业特有问题和有关难点问题的指引。

《基本准则》征求意见稿共6章,33条内容,基本上和S1准则的要求差不多。其主要特征有以下几点:第一,要求披露可持续影响信息。影响信息和欧盟的处理方式不同,欧盟准则明确了战略维度如何披露、指标和目标维度如何披露、管理维度如何披露等,而《基本准则》在ISSB的基础上加入了影响重要性原则,因此有要求披露影响重要性,但同时不能模糊ISSB准则要求披露的信息。第二,强调财务报告信息之间的关联,尤其是要强调可持续相关信息和财务报表信息之间的关联。第三,提出健全信息系统和内部控制要求。目前ISSB准则没有相关要求,而欧盟有相关要求。实际上健全的信息系统和内部控制非常重要。第四,借鉴ISSB准则引入相称性机制。第五,对禁止披露信息的例外性豁免,我们在准则中增加了国家机密和知识产权,现行欧盟准则也在其中加入了这两项。第六,独立的可持续报告披露要求。第七,循序渐进分步推进的实施策略。具体策略阶段为:从上市企业到非上市企业,从大企业到小企业,从定性到定量,从自愿到强制。

国内有关可持续信息披露的行动还涉及部分地方政府,如苏州工业园区发布了《关于推进ESG发展的若干措施》,上海市印发了《加快提升本市涉外企业环境、社会和治理(ESG)能力三年行动方案(2024—2026年)》的通知,北京公告了《北京市促进环境社会治理(ESG)体系高质量发展实施方案(征求意见稿)》等。

第八讲　与ESG相关的国际评估准则发展动态[1]

陈少瑜[2]

一、ESG发展概览

近年来为响应ESG在中国的发展潮流，各类上市公司、金融机构（包括产业投资基金）与国际四大会计师事务所在内的众多主体均在积极布局ESG领域，就如何满足ESG的信息披露、评级、审核、验证工作要求，以及如何通过"大数据"手段或模型实现数据分享与分析等开展了实践探索。

事实上，现实生活中也存在一系列与ESG相关的理论和实践。比如，早在张五常教授的《卖橘者言》中便已对ESG或外部效应的概念有所涉及。基于我的经验而谈，资产评估的实质是从实物资产到无形资产再到企业价值，其中的一个典型案例就是房屋建材。众所周知，在房屋建造过程中，石棉材料曾经被大规模运用，但后来考虑到石棉可能存在的致癌风险，政府便着手立法，彻底禁止了石棉材料的生产与使用。这是最早发生在我们身边的与环境保护有关的案例。此外，单项资产也会受限于内部与外部因素的影响，如汽车排放标准的提升会直接导致部分产品下架和设备改装，从而对动力系统的器件设计、生产制造与维修保养等多个环节产生影响。从单个环境保护法律法规的角度来看，20世纪80年代后期从香港地区《废物处置条例》内引入的禽畜固定废物排放管制条例以及国家层面提出的"3060双碳战略"决策与实施方略，都与环境保护、气候变化息息相关。而ESG关注更多的也是跟气候相关的议题，之后才逐渐考虑生物多样性、人权等议题，就治理而言，国际层面关注的焦点相对较少，主要还是聚焦在气候变化、生物多样性方面。

ESG议题对投资界、实业界都会产生影响。首先受到影响的是一些大型企业，在中国除了上市公司以外，大型国有企业也将被鼓励推动ESG信息披露。对于企业ESG行为所产生的影响可能是正面影响也可能是负面影响，这种影响亦从内部传导到整个社会。从投资和成本角度来看，企业为了达到ESG标准而增加投资，会导致成本提高，进而对企业产生

---

① 本文为2023年12月5日上海财经大学富国ESG系列讲座第21期讲座内容，由任昱昭整理成文。

② 普华永道中国资深合伙人。

负面影响;但从另一角度来看,不仅要求企业披露潜在的 ESG 风险,还要求披露未来可能的发展机会。我们可以看到,正是在这个过程中涌现出了诸如氢能、抽水蓄能和碳捕集利用与封存(CCUS)等众多新的技术和想法,给企业带来一定的正面效应。

在 ESG 信息披露框架的制定方面(见图 1),国际证监会组织(IOSCO)是一个重要推手。2023 年 6 月 26 日,国际可持续准则理事会(ISSB)发布了首批两项国际财务报告可持续披露准则(IFRS S1、IFRS S2)。仅仅一个月后,IOSCO 便迅速发表了一份声明,以表达对该准则的认可,并鼓励在全球范围内更加广泛地推广和应用 ESG 准则。与此同时,欧洲也在同年 7 月底审批通过了首批 12 个《欧洲可持续发展报告准则》(ESRS),相较于国际准则其内容更为翔实。但上述国际准则仅代表了 ESG 信息披露的最低要求,许多国家已经开始思考如何将该准则与本国实际相融合,而非简单地直接采用。

同时我们亦不能回避,ESG 信息披露在推行过程中仍存在诸多问题。在美国,由于官方和民间对待 ESG 的态度不一,ESG 信息披露受到社会多方力量的影响,ESG 在美国的推行十分缓慢。而在中国国内,ESG 准则也面临制定和推动由哪个部门牵头的问题,是以生态环境部为主还是以财政部或发改委为主亟待明晰。如何“汉化”ISSB、采取怎样的 ESG 标准和计量方式等实操层面的问题亦有待进一步探讨。

回归到估值上的问题,为什么要提出 ESG 估值的影响?一方面,在 ESG 信息披露中,“重要性”是一项关键原则,此“重要性”和传统评估领域中,尤其是收益法下,所强调的“重要性”有所不同,它在影响公司现金流的同时必然会影响价值判断。随着国内外评估准则制定组织相继提出了与 ESG 理念相关的价值评估市场开拓路线指引和融合 ESG 理念与要素的估值(ESG 估值)等引导文件,ESG 理念中所认为的企业价值和传统评估中的企业价值是否相通、如何从学术的角度来实现二者的等同等问题,还需要进一步探索。另外,ESG 估值可以考虑从评估准则的三个要素来展开分析。第一,评估对象。在 ESG 估值中,是否需要重新界定评估对象?以及不受监管的溢出部分由谁承担?第二,价值类型。一般的评估通常是从经济价值的角度看待问题的,但 ESG 估值可能还会产生一些其他的投资价值、社会价值,以及中国特色的估值体系背后的一些有利于社会稳定的价值,因此我们应该采取何种价值类型来看待问题?第三,评估方法。具体的评估方法是否会发生改变。如果这三个重要问题能够有效解决,基本上 ESG 估值就已经解决了 50%以上的问题。

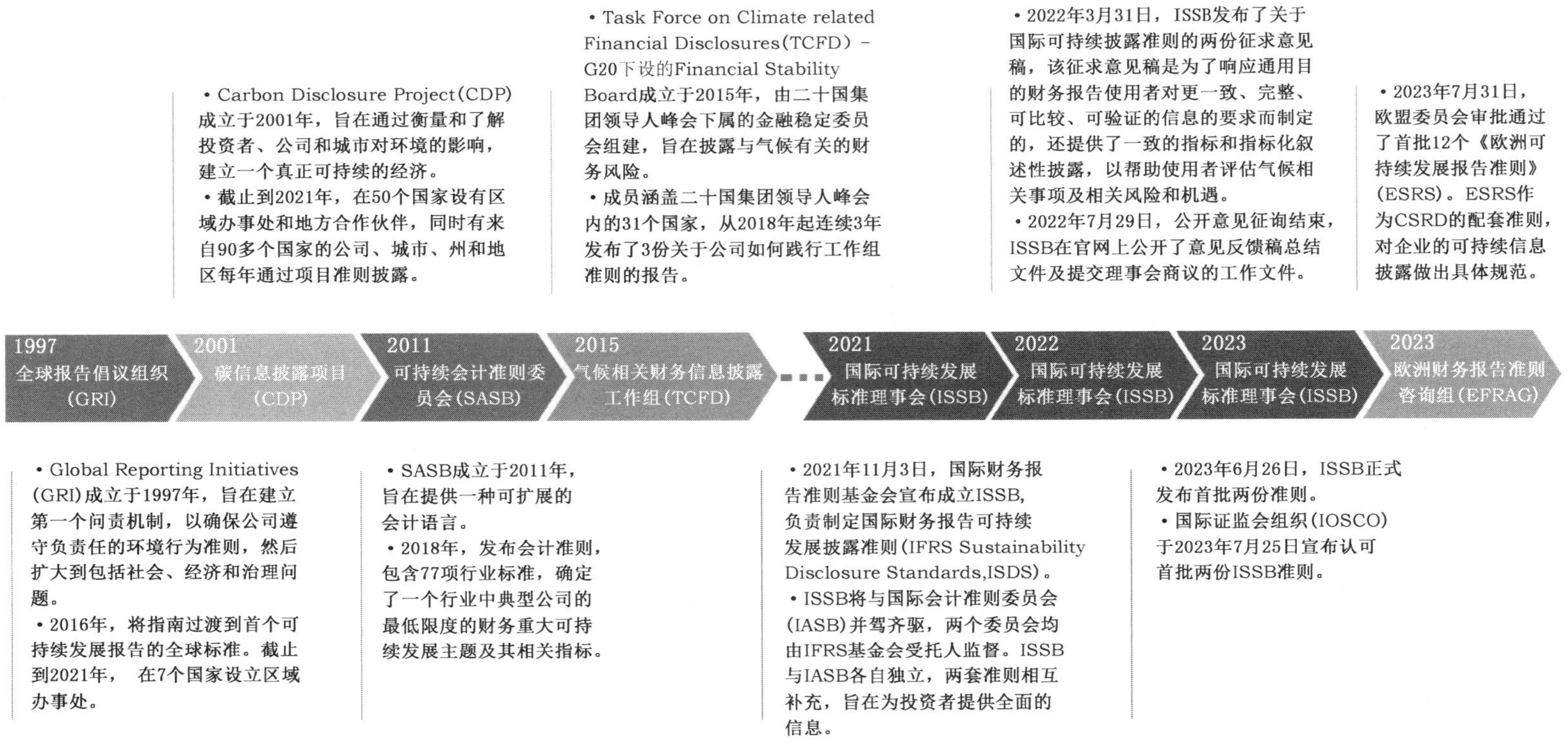

1997 全球报告倡议组织（GRI）

• Global Reporting Initiatives (GRI)成立于1997年，旨在建立第一个问责机制，以确保公司遵守负责任的环境行为准则，然后扩大到包括社会、经济和治理问题。
• 2016年，将指南过渡到首个可持续发展报告的全球标准。截止到2021年，在7个国家设立区域办事处。

2001 碳信息披露项目（CDP）

• Carbon Disclosure Project(CDP)成立于2001年，旨在通过衡量和了解投资者、公司和城市对环境的影响，建立一个真正可持续的经济。
• 截止到2021年，在50个国家设有区域办事处和地方合作伙伴，同时有来自90多个国家的公司、城市、州和地区每年通过项目准则披露。

2011 可持续会计准则委员会（SASB）

• SASB成立于2011年，旨在提供一种可扩展的会计语言。
• 2018年，发布会计准则，包含77项行业标准，确定了一个行业中典型公司的最低限度的财务重大可持续发展主题及其相关指标。

2015 气候相关财务信息披露工作组（TCFD）

• Task Force on Climate related Financial Disclosures(TCFD) - G20下设的Financial Stability Board成立于2015年，由二十国集团领导人峰会下属的金融稳定委员会组建，旨在披露与气候有关的财务风险。
• 成员涵盖二十国集团领导人峰会内的31个国家，从2018年起连续3年发布了3份关于公司如何践行工作组准则的报告。

2021 国际可持续发展标准理事会（ISSB）

• 2021年11月3日，国际财务报告准则基金会宣布成立ISSB,负责制定国际财务报告可持续发展披露准则(IFRS Sustainability Disclosure Standards,ISDS)。
• ISSB将与国际会计准则委员会(IASB)并驾齐驱，两个委员会均由IFRS基金会受托人监督。ISSB与IASB各自独立，两套准则相互补充，旨在为投资者提供全面的信息。

2022 国际可持续发展标准理事会（ISSB）

• 2022年3月31日，ISSB发布了关于国际可持续披露准则的两份征求意见稿，该征求意见稿是为了响应通用目的财务报告使用者对更一致、完整、可比较、可验证的信息的要求而制定的，还提供了一致的指标和指标化叙述性披露，以帮助使用者评估气候相关事项及相关风险和机遇。
• 2022年7月29日，公开意见征询结束，ISSB在官网上公开了意见反馈稿总结文件及提交理事会商议的工作文件。

2023 国际可持续发展标准理事会（ISSB）

• 2023年6月26日，ISSB正式发布首批两份准则。
• 国际证监会组织(IOSCO)于2023年7月25日宣布认可首批两份ISSB准则。

2023 欧洲财务报告准则咨询组（EFRAG）

• 2023年7月31日，欧盟委员会审批通过了首批12个《欧洲可持续发展报告准则》(ESRS)。ESRS作为CSRD的配套准则，对企业的可持续信息披露做出具体规范。

图 1　ESG主流信息揭露框架

二、与ESG相关的估值准则发展趋势

事实上，ESG估值和会计中无形资产核算所面临的挑战极其相似，与“算不算”“怎么算”等问题是密切相关的。现实中存在很多无法计算的东西，尤其是创新，创新既可能增加企业的无形资产，也可能给企业带来负债，而在现行会计制度中，由于无法对一些应该要进行会计处理的事项予以处理，进而才产生了账外无形资产或负债。

在ESG投资过程中，会产生更多新的技术、商业模型和商业理念，企业的商业模式及所处行业决定了ESG投资将为哪些无形资产创造更高的价值。具体而言，ESG投资对企业的价值创造会受到六个因素的影响（见图2），当企业对品牌影响力的依赖性越大时，ESG投资将为企业创造更高的价值；当企业更加重视员工福利、人权等问题，与客户所建立的联系越紧密时，ESG投资越能为企业创造价值。由此可见，ESG投资对公众的影响是多方位、多价值观体系的，而不局限于对某一特定的企业或者事物的判断。

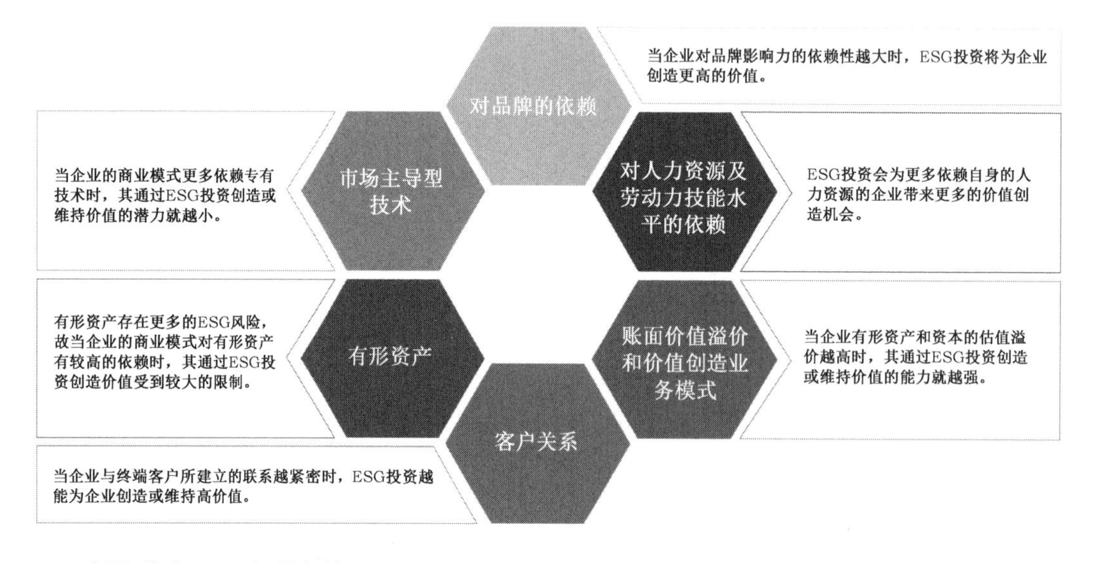

来源：摘自IVSC相关文献。

图2　影响ESG与企业价值创造之间关系的六大要素

随着投资界开始将ESG评级作为一项重要的投资标准，企业的风险和机会受到了直接影响，最终影响企业价值。对此，国际评估准则理事会（International Valuation Standards Council，IVSC）于2023年4月发布了一份征求意见稿，预计于2024年1月通过，并形成新的《国际评估准则》。该征求意见稿在《IVS 101 工作范围》《IVS 103 评估方法》《IVS 104 数据与输入值》和《IVS 106 档案与报告》中均提出纳入“需予考虑的ESG因素”的基本要求。

工作范围是指企业在承接评估时需要遵循ESG标准，是对被评估企业的原则性要求。其中一个重要的方面为是否存在信息披露。如果存在信息披露，但企业又无法修改，则通常会在评估报告中加入免责条款。但这种不予考虑的做法显然与现行的国际准则不相符，

因此未来还需进一步研究现行原则条款和这一要求之间的关系。

在评估方法方面，由于 ESG 对企业价值的影响存在较大的不确定性，这亦给评估机构和评估师的具体工作带来了更大的挑战。

与环境、社会和治理因素相关的数据和输入值可以被概括为三点内容：第一，当涉及相关的法律框架时，我们应注意这可能会对企业自身、企业的上下游等多方主体产生影响，而这些影响在当前信息披露和评级的背景下将变得更为显著。因此，评估师应了解影响评估的环境、社会和治理因素相关的立法和框架，并在确定公司、资产或负债的价值时对这些因素加以考虑。第二，除重要的 ESG 因素以外，还必须酌情考虑 ESG 可能带来的风险或机遇。第三，对于已经识别出的 ESG 因素，是否将其量化也是需要仔细思考的问题。类似于处理无形资产的概念，一旦识别出来，即便无法量化，也需要充分披露。另外，值得强调的是，在此过程中还必须确保评估师根据专业判断所考虑的环境、社会和治理因素及环境、社会和治理监管环境具有一定的合理性。

在 IVSC 过去三年所公布的与 ESG 相关的白皮书中，也有一些与企业价值相关的考虑，包括收益法的因素，如现金流、折现率、终值等。但我们的目标不是将其视为成本，而是考虑如何将其转化为机会，以提升企业的价值。欧洲评估师联合会（TEGOVA）作为欧洲具有重要影响的行业组织，其于 2020 年编制的《欧洲企业价值评估准则》（EBVS）中也将 ESG 因素融入了企业价值评估准则当中。

在此背景下，越来越多投资者和其他房地产利益相关者逐渐开始关注可持续发展和 ESG 对商业房地产估值和战略建议的影响。由此，皇家特许测量师学会（RICS）于 2021 年 12 月发布了一份全球性的指导说明《商业地产估值和战略咨询中的可持续发展和 ESG》（RICS GN 2021）。这实际上将日常商业估值实践与更广泛的 ESG 和可持续发展环境联系了起来，我们不仅可以通过查看他们的网站来获取信息，还可以加入他们的组织。目前，很多 ESG 都是通过参与这个组织进行对标的，对标时贡献越多，回馈也会越多，即通过互相对比的方式来形成客观标准。此外，RICS GN 2021 也会根据国际评估准则以及全球范围内更广泛的投资和监管框架的发展情况及时更新，目前已更新至第三版。其中所涵盖的内容涉及欧盟或英国的法律规定，特别是在建筑物或新建筑物方面的条例法规，而且各方面的环保都有相应的指标。在这些指标中，一些指标是强制性法规规定的，另一些则是行业为提高性价比或舒适度而设定的，主要取决于概念的不断演变。总体而言，必须考虑相关的要求。而针对无法考虑的情况，他们提出了一种解决方案，即客户可以选择寻求咨询辅导。比如，国外有专门从事房地产咨询的五大行，其中房地产估值领域很大的一块业务就是咨询服务。如果企业不符合标准或者有其他情况，则可以额外选择寻求咨询辅导，在不违反独立性准则或客观性准则的前提下继续开展相关评估/咨询服务。倘若违反了客观/独立性相关规定，就让另外一家机构去做，这类似于四大会计师事务所国际网络针对审计/鉴证业务与非审计/鉴证业务划分的方式。

三、对 ESG 估值未来发展的展望

关于 ESG 估值的未来发展，主要涉及两个方面。第一，ESG 信息披露。虽然未来 ESG 信息披露的准则还会不断增加，但是会朝着更加统一的方向发展，并逐渐趋同。现有的 ESG 信息披露框架仍存在较大差别，其中 ISSB 的可持续发展披露准则实际上是利用现有的 ESG 和可持续发展框架（TCFD、CDSB、SASB）制定而成的。全球报告倡议组织（GRI）正在积极地与 ISSB 和欧盟对接，持续更新他们的准则。在其制定的 GRI 标准中，除了考虑对企业及其投资者的影响外，还强调了对社会的影响，即对所有利益相关方的影响。比如在财务管理中，我们需要研究到底是股东价值最大化还是共同富裕最大化的问题，这实际上反映了双重重要性。随着对社会责任的关注增加，我们需要同时考虑各方的利益，而不仅仅是资本市场的考量，还需考虑那些没有金融力量但有其他影响力的人。此外，国际标准化组织（ISO）也在持续演进与 ESG 有关的概念，不断提升准则的制定标准。

第二，鉴证准则。在完成信息披露的基础上，我们还需要对 ESG 信息进行鉴证，即判断企业是否存在"漂绿"行为，由此涉及如何鉴证的问题。但在现实中，个别企业可能只是做一些表面功夫或者达到第三方的鉴证要求，并未实现内部治理的真正提升，即无法识别潜在的风险类型，进而提升企业价值。从正面积极发展的角度来看，披露要求或鉴证要求以及政府倡导的"高质量发展""中国式现代化"等理念本质上是想推动企业走上一条可持续发展的道路，最终实现价值上的升华与认同。

第九讲　底层设计：国际可持续披露准则如何应对全球气候变化[①]

范　勋[②]

2023 年 6 月，国际可持续准则理事会（ISSB）正式发布了首批两份国际可持续披露准则的终稿，包括《国际财务报告可持续披露准则第 1 号——可持续相关财务信息披露一般要求》《国际财务报告可持续披露准则第 2 号——气候相关披露》，并于 2024 年 1 月 1 日起生效。这标志着全球可持续披露迈入新纪元，一致可比的可持续信息披露取得了具有历史意义的突破。

由于全球各地存在不同的发展阶段、资源禀赋、产业政策、法律环境和文化背景，企业也有不同的认知水平、能力建设和传统实践，各方对于可持续及其披露的需求既是共同的，又存在一些区别，并且可能随环境的变化而变化。因此，ISSB 作为新生的准则制定者，客观上需要兼容并包各方意见，并在复杂多变的国际环境中寻求自身合适的定位，因为这不仅关系到准则制定的思路和细节，也关系到未来的国际趋同策略。有人将此形象地比喻为“国际可持续披露准则如何应对全球气候变化”。

一、国际可持续披露准则的制定思路

总体来看，ISSB 作为国际性准则制定者对此早有思想准备，既在战略战术上做出了深思熟虑的部署，也在重要细节上形成了有针对性的回应，其设计思路既宏大又不失巧妙，可以说是 ISSB 版本的“隆中对”。本文为方便叙述，将该设计归纳总结为八个方面：财务信息、风险管理、全球基准、急用先行、原则导向、成熟标准、重要性和相称性。本文尝试以这八个关键词为抓手，探索国际可持续披露准则制定背后的逻辑和规律。

（一）财务信息

尽管国际财务报告准则凭借其成熟的国际网络、治理流程以及趋同经验闻名于世，但不少人对国际可持续披露准则仍感好奇的是：它为什么生在财会之家？传统认知中，考虑

---

① 本文为 2023 年 12 月 19 日上海财经大学富国 ESG 系列讲座第 23 期讲座内容，由任昱昭整理成文。

② 安永华明会计师事务所（特殊普通合伙）专业业务合伙人。

到可持续概念起源于企业经营的外部性，可持续信息似乎并不(总是)被认为是“财务信息”。仅从直觉上说，也较难将可持续这样宏大的叙事和广泛的利益相关方与财务信息联系起来。进一步而言，既然 ISSB 负责统一制定国际可持续披露准则，是否不宜将准则范围限定于财务信息，以便服务于更有高度的目标或者更加广泛的群体呢?

按照 ISSB 的理论，凡是影响公司估值或投资决策的信息，都可以归类为财务信息。这就是说，虽然财务信息的覆盖范围远远大于会计信息，但是仅仅服务于投资者的信息需求，而无须将顾客、供应商、员工、社区等其他方特有的需求纳入其规范。如果我们不钻牛角尖，就会发现该理论至少有以下三个实际的好处：

首先，它符合因庙定事的规律。虽然按照传统的认知，可持续披露并没有被限定于财务信息，但是，ISSB 只有从中细分出财务信息来规范，才方便它以国际财务报告准则制定者的身份名正言顺地履行职责。换言之，不在其位，不谋其政。从中不难发现，我们眼里的问题可能就是别人的解决方法，特别是就 ISSB 定义的财务信息以外的信息而言，这其实不是一个“有没有意愿管”的问题，而是一个“有没有条件管”的问题。反过来说，对于准则要求披露的可持续信息，无论它按照传统认知是否属于财务信息，都必须被认为是财务信息。

其次，虽然它看似扩张了财务信息的报告边界，但实际缩小了可持续披露的服务对象范围。如上文所言，ISSB 版本的可持续披露准则为且仅为投资者服务。就准则制定的技术难度而言，服务的对象越纯粹，就越容易实现逻辑自洽，而逻辑自洽是打造一切高质量准则的基础，因为它预先排除了“既要、又要、还要”的困扰。但话说回来，服务对象的纯粹性只是一个相对意义而不是绝对意义上的概念。因为即使是投资者也不是只有一个人，其信息需求必然是多元、复杂和善变的，所以仅凭这一点还不足以排除众口难调的问题。

最后，国际上关于可持续及其披露的需求不仅是多元化的，还可能是风向多变的，而只有财务信息才可能被认为是客观中立的。其超然地位带来的普适性，正是 20 年前国际会计准则获得广泛认可的重要原因。按照 ISSB 的理论，财务信息应当客观反映企业的行为，而不应当主动影响企业的行为。这就是说，我不对你做出(主观)评价，我只关心你对我的(客观)影响。从根源上避免被卷入各种见仁见智的辩论，避免一个国际性准则最令人担心的适应性。换言之，国际可持续披露准则不仅有能力适应全球各地的小气候，还有能力适应这些气候的各种变化。如果用一首诗来概括，就叫作：“咬定青山不放松，立根原在破岩中。千磨万击还坚劲，任尔东西南北风。”

另外，国际可持续披露准则“生在财会之家”的后果，就是客观上推动了可持续信息和会计信息加快融合，主要表现在三个方面：一是推动企业量化反映可持续风险的财务影响，拓展了可持续披露的空间；二是加强了与国际会计准则的联系和比较，为一些会计领域带来了关注和思考(如长期资产减值和预计负债等)；三是淡化了可持续信息和会计信息之间的边界感，导致两种类型信息的相互整合，于是出现了第四张财务报表等概念。

(二)风险管理

“人无远虑，必有近忧。”就每个企业而言，可持续既是一种远景目标，也是一种现实风险。即使物理意义上的风险远在天边，也可能在法律法规或者市场情绪的催化下，随时变成一种近在眼前的风险。按照ISSB的理论，可持续披露源于投资者对企业可持续风险的担忧，也就是企业的商业模式或发展战略是否过度依赖一些不可持续的资源和关系。对于某些靠山吃山、靠水吃水或者杀鸡取卵型的发展模式而言，尤为如此。

从这个角度出发，与其说可持续披露像是第四张财务报表，还不如说它更像一份"（可持续视角下的）风险管理报告"。原因在于，财务报表相信"十鸟在林不如一鸟在手"，并且只看结果不看过程、只问结果不问原因，原本就没有必要了解国际可持续披露准则所要求的"四大支柱"（即治理、战略、风险管理、目标和指标）。相反，如果你把可持续披露理解为风险管理报告，那么你就会发现，准则关于四大支柱的披露要求，无一不涉及企业对可持续风险的认知和行动；同时，你也会发现，《COSO内控框架》规定的内控要素，在准则里似乎都能找到对应的内容，毕竟内部控制本身就是一种风险管理活动。从这个角度说，准则要求披露的温室气体排放等量化信息，与其说是为了反映企业的经营成果，还不如说是为了反映企业在气候相关风险管理活动中使用的"目标和指标"。

同时，准则将可持续披露定位于风险管理报告，实际上非常符合投资者以及金融市场监管者的信息需求。微观上，这是投资者对企业风险抵御能力的考察；宏观上，这就是监管者防范、化解金融风险的举措。一些知名ESG评级案例表明，投资者不仅关注企业面临哪些可持续风险，更关注企业有没有将这些可持续风险管理得井井有条、有没有能力减轻投资者的焦虑，从而有机会吸引更多的投资者或者争取更高的公司估值。

这里需要澄清一个问题：尽管可持续风险是一个新鲜的概念，但并不一定说明企业以往对该风险就疏于管理，也可能只是因为企业没有给它们贴上可持续的标签而已。以气候变化相关风险为例，它可能表现为法律风险，也可能表现为技术风险，还可能表现为市场风险，甚至表现为地缘政治风险，如果企业果真疏于管理这些可持续风险，那么它恐怕就要面对不可持续经营的风险。

那么问题来了，如果说可持续披露应当被定位于风险管理，为什么现阶段的可持续披露反而不太像是一份风险管理报告呢？这是因为现阶段主要是自愿性质的披露，所以企业往往更愿意披露"我对可持续的影响（贡献）"，而较少披露"可持续对我的影响（风险）"。尤其是当可持续披露可能涉及市场竞争、法律风险、商业机密或者信息安全时，企业更加没有动力"知无不言"。归根结底，对于公开披露的估值敏感信息，企业一般更可能追求"决策有用"还是"合规免责"？答案似乎不言而喻。

事实上，成立ISSB最大的意义并不在于推动理论创新，而在于释放了可持续披露将由自愿披露转向强制披露的信号。在自愿披露时代，可持续披露的标准之间是竞争关系，而披露的主动权实际掌握在企业手里，所以才可能"怎么方便怎么来，怎么有利于我怎么来"。待未来转向强制披露后，这一局面很可能会发生改观。这意味着，可持续披露将从精神领袖走向裁判规则，从公益宣传走向依法合规，从市场生态走向监管生态，并带来一些认知结构或者思维方式上的变化。

(三)全球基准

不少可持续问题既是全球性的,也是地方性的。虽然国际可持续披露准则被定位于全球基准(Global Baseline),以提高全球一致可比性为目标,但是,该概念并不是在博采众长的基础上追求最小公倍数,反而是在求同存异的基础上寻求最大公约数。换言之,该概念为各方结合自身实际情况添砖加瓦(做加法)提供了灵活务实的发挥空间。例如,当地可以决定是否对企业提出更多、更具针对性的披露要求,特别是要求企业补充披露更受本地重视的可持续信息,而无论该信息是否属于准则规范的财务信息。ISSB将此形象地比喻为搭积木法(Building Block Approach)。

从这个意义上说,国际趋同不仅不妨碍体现本地特色,相反它还鼓励体现本地特色,因为从常识上说,缺少了本地特色的风险管理,就不是完整的风险管理。需要指出的是,国际可持续披露准则在这方面不同于国际会计准则,后者通常不会过多考虑当地特色。原因正如上文所言,会计对结果的关注远远超过对原因或过程的关注,因为只有前者才方便统一评价,并方便避免一些见仁见智的问题。相反,可持续披露作为一种风险管理报告,必然更关注风险的形成原因和管理方法,而这些本身就是见仁见智的,所以更可能要求或允许企业结合实际情况探索多元化、个性化或者差异化的披露方式。归根结底,国际可持续披露准则作为用于规范披露而不是核算的准则,原本就相对于结果正义更加关注程序正义。从常识上说,后者更有能力在复杂多变的国际环境中应对自如。

不过,只做加法的另一面就是不做减法。国际可持续披露准则里有一条看似低调但实际颇有威力的合规声明(Statement of Compliance):"如果企业没有满足准则的每一条要求,那么企业就不能声称满足了准则的要求。"合规声明将可持续披露能否得到准则的背书作为抓手,既着眼于提高可持续披露的质量以及全球可比性,也着眼于加强准则的话语权或影响力,这是国际可持续披露准则相对于以往各种可持续披露标准的一项重大变化,也是可持续披露由自愿披露转向强制披露的题中应有之义,客观上将对前文所述的报喜不报忧现象形成制约。

(四)急用先行

"天地有正气,杂然赋流形。"可持续实际是一个包罗万象到既不可能严密定义,也不需要严密定义的概念。这一概念既着眼于可持续的价值创造,也着眼于可持续的利益分配,可持续的价值创造保障可持续的利益分配,可持续的利益分配促进可持续的价值创造。两者之间的交叉互动,既为可持续创造了多元的主题,也为可持续注入了不竭的动力。

需要特别指出,可持续主题包括但不限于气候变化,而且气候变化以外的主题对企业的影响可能重要得多。特别是就某些行业而言,如果在安全生产、信息安全、供应链安全、反腐败、环保或人权等可持续主题上出现闪失,真有可能影响企业的持续经营能力。

另外,各行各业都会面对自身特有且不断演化的可持续主题。这意味着,同一个可持续主题对不同行业的影响程度不同,某些主题可能只被某些行业关注,而根本不适用于其他行业。进一步而言,由于可持续披露的多元化、个性化或差异化特征,可持续主题不仅较难在"汇总"的基础上整体评价,即使在同一个可持续主题下,也较难(或者根本不需要)跨行业比较,因此企业之间的比较更多发生在同行之间。这就是说,除了企业自身的努力,同行的衬托也很重要,主流的ESG评级方法对此亦有体现。因此我们不难理解,为什么成熟的可持续披露标准既会包括气候变化等主题标准,也会包括方便同行之间对标管理的行业标准,而且行业标准的重要性实际上并不亚于主题标准。

事实上,我们不妨将可持续理解为赋予可持续主题一个共同的符号。可持续主题不是凭空出现的,各自都是特殊矛盾的产物,家家有本难念的经。这意味着,在可持续概念兴起之前,并不是说就没有(如今被纳入其范围的)各个可持续主题。退一步说,即使可持续概念(作为一个整体)未来不再流行或重新构建,也不一定妨碍可持续主题(作为其曾经的组成部分)继续演绎各自的精彩。从这个意义上说,可持续的面目既是模糊的也是灵活的,既像一种演绎也像一种归纳,其识别和管理实际贯穿了问题导向(见招拆招)的思路:"问题在哪里,可持续就在哪里;需要什么是可持续,什么就是可持续。"

不同于欧盟制定的可持续披露准则,虽然国际可持续披露准则得到了G20、金融稳定委员会(FSB)和国际证监会组织等多方的大力支持,但是,它既没有也不可能有类似欧盟《企业可持续报告指令》等顶层设计。因此,在主题准则的选题策略上,ISSB没有像欧盟一样拉长战线、全面开花(欧盟仅首批发布的主题准则就有十个之多),而是本着先易后难、急用先行的策略,始终沿着共识最大化或阻力最小化的方向运动,成熟一个、推出一个,稳扎稳打地推进准则制定活动,循序渐进地培养用户使用习惯。

这就是说,相对于欧盟版的可持续披露准则,国际可持续披露准则的制定并没有一条自上而下、按部就班的路线,也不是一个瓜熟蒂落、水到渠成的过程,而实际肩负着披荆斩棘、开拓市场的重任。ISSB将已经凝聚国际共识的气候变化主题作为战略突破口,就是其中最生动的体现。换言之,ISSB选择优先制定气候变化准则,正是它用于应对全球气候变化的一种策略。关于该策略的底层逻辑,既可以理解为"因为气候变化最重要最紧迫,所以优先制定气候变化准则",也不妨理解为"因为制定其他准则的条件有待成熟,所以优先制定气候变化准则"。目前,ISSB正在就下一步工作计划公开征询意见,备选的可持续主题包括生态环境保护、人力资源、供应链中的人权等。

基于类似考虑,ISSB根据征求意见阶段收到的反馈,从善如流地将其吸收合并的(美国)SASB行业标准定位于非强制性的行业指南,而不是强制性的行业准则。这非但不是因为行业标准不重要,相反是因为它太过重要的缘故(如上文所言,企业之间的比较更多发生在同行之间)。客观地说,因为每个行业标准都会跨越多个可持续主题,很可能提前触及一些国际上见仁见智的领域(例如信息安全、供应链安全、人权等),所以更适合采取温和且富于弹性的方式推进。

(五)原则导向

原则导向还是规则导向,不仅是老生常谈的理论问题,实际也反映了"一个标准如何适应其所处环境"的务实选择。假设一个国际性标准的制定者既拥有一线监管权力,也承担一线监管责任,还掌握一线监管资源,那么在其工作人员合规免责意识的驱动下,它更可能呈现出规则导向的特征;反之,更可能呈现出原则导向的特征。

换言之,"我是谁"往往奠定了一个国际性标准的格局和面貌,其对于身份地位和所扮演角色的遵从,既是一种选择,也是一种结果。以制定会计准则为例,美国会计准则(US GAAP)同样是有很强国际影响力的准则,同样以打造高质量准则为目标,但是,美国会计准则的整体风格和国际会计准则是否相似,为什么?

这意味着,如果可持续披露转向强制披露,那么全球各地制定的信息披露规则可能会侧重规则导向,而两个不同规则导向之间的相处,总是需要技巧的;相反,原则导向和规则导向的相处就比较灵活,只要基本原则得到了普遍认可,那么任何挑战只能伤及它的皮毛,而不能动摇它的根本。从这个角度说,ISSB坚持原则导向并强调专业判断,首先就有利于协调它和全球各地信息披露规则之间的关系。换言之,ISSB选择以原则导向切入规则导向,有利于发挥原则导向型准则应有的以柔克刚、以简驭繁、以静制动、以不变应万变的特点。

同时,ISSB坚持原则导向并强调专业判断,客观上也为一些见仁见智的问题提供了灵活务实的解决思路。例如,ISSB对可持续信息的披露位置几乎没有执念,可持续信息既可能披露于专门的报告(例如ESG报告、社会责任报告等),也可能披露于财务报表的附注,还可能披露于公司年报的其他位置(例如管理层讨论与分析章节等)。因为"披露位置"一词,首先就意味着不同的法律后果和权责分工(视企业的法律或监管环境而定),因此需要小心谨慎地处理。

(六)成熟标准

首先需要明确一个概念:不是说先有了国际可持续披露准则,才有了国际性的可持续披露准则。过去30年,各种可持续披露标准不断涌现,全球的可持续披露标准有400～700个之多,其中TCFD、SASB、CDSB、IIRC、GRI、USGC等具有相当广泛的影响力,对于企业(特别是跨国企业)而言,按照不同标准进行多重报告已经成为一种负担。这就是说,早在ISSB成立之前,国际可持续披露已然是一个江湖,而ISSB的使命正是"结束割据,一统江湖"。因此不夸张地说,ISSB一出生就站在了巨人的肩膀上。

另外,"站在巨人的肩膀上"具有两面性。为了获得最广泛的理解和支持,国际可持续披露准则既要妥善处理同"老前辈"的关系,也要妥善处理同"已经熟练掌握了老前辈标准的大企业"的关系,还要妥善处理同"已经纳入了老前辈标准的信息披露规则"的关系,因此需要统筹兼顾、综合平衡各种政治经济因素。

其中,ISSB高度重视与对标准则之间的互联互通(Interoperability,或称互操作性),并计划通过对照表等形式来反映其间差异。互联互通有利于推动不同准则之间尽量采用协调一致的规定,从而减轻企业按照不同准则进行多重报告的复杂性和负担。同时,互联互通也意味着互相照镜子,无论是任意一方缺失,客观上都会给彼此带来解释的压力,所以也成为不同准则之间互相引领或者约束的一种方式。

正如上文所言,可持续是一个极其包罗万象的领域,所以国际可持续披露准则既不可能事必躬亲,也不追求自给自足,特别是在一些见仁见智的技术性问题上,它迫切地需要一些外援。ISSB 的理论似乎是:"我来提供场地和裁判,其他人来提供运动员和冠军",既可以理解为 ISSB 主动选择了其他标准,也不妨理解为它原本就离不开其他标准,由此形成一个"你中有我、我中有你"的多样化生态系统。

ISSB 审慎地使用但不过度依赖其他标准,不轻易将这些标准转换成自己的语言,更不轻易染指不成熟或存在争论的标准,客观上既有利于保持准则制定的自主可控,也有利于明确不同标准之间的职责边界。归根结底,一个国际性标准的话语权或影响力,首先就体现在一种主动选择而不是被动跟随的能力。

(七)重要性

重要性概念实际包含两层含义:如果企业认为信息对投资者是重要的,即使准则没有明确要求,也应当披露;相反,如果企业认为信息对投资者是不重要的,即使准则有明确要求,也无须披露。至于信息对投资者究竟是否重要,则是一个专业判断的问题。

ISSB 的理论是,企业披露了过多不重要的信息将分散投资者对于重要信息的注意力,所以没有必要披露一些"准则虽有明确要求、但对投资者无关紧要"的信息。换言之,ISSB 有意识地避免就企业如何选择可持续主题或确定披露内容做出硬性规定,而更多地通过"不遵守就解释"等绵里藏针的方法予以引导或约束。以上思路可能有别于一些在政府主导下制定的可持续披露标准,因为后者往往需要遵循法律法规等顶层设计,所以可持续信息的披露与否,可能更多出自一些强制性要求,并不总是代表企业对其重要性的判断。

我们不难发现,重要性概念实际发挥了信息过滤器的作用,只是准则将这一过滤器的开关,以预先明确专业判断必要性的方式,让渡给了每个企业。换言之,重要性概念通过适当分散话语权,来预防矛盾过度集中的风险,同时也为一些见仁见智的问题打开了解决思路。这意味着,对于全球不同国家或地区而言,特定的可持续主题可能并不总是同等重要,所以企业需要根据自身所处环境和实际情况甄别。

重要性概念的另一个好处在于,它可以被周而复始、循环往复地使用,无论是企业披露了过去没有披露过的信息,还是不再披露过去披露过的信息,都有望实现平稳过渡(例如过去不重要的如今变得重要了,或者相反),所以它更有能力顺应一个复杂多变环境中无穷无尽的变化。从这些意义上说,重要性概念既是过滤器,也是安全垫,体现了一个国际性准则应有的气候适应性。

(八)相称性

针对现阶段有实施难度的披露要求,ISSB从企业的技术、能力和资源现状出发,设计了简便可行的操作机制以及过渡办法,并计划提供更多的指导和示例以便于实务应用,这实际也是随后国际趋同活动的内在要求。

就现阶段而言,准则实施的挑战性不言而喻,否则准则就没有必要专门考虑相称性(Proportionality)。但用发展的眼光看,当可持续信息转向强制披露后,强制披露本身就会克服没有强制披露时所面临的一些困难。归根结底,信息披露是受制于成本的。不过,100万人被要求做一件事和100个人自愿做一件事,其边际成本(或平均成本)截然不同。因为一旦转向强制披露,就会在创造信息需求的同时亦创造供给,促成供需之间的积极互动,这不仅会降低同行业或上下游企业之间获取和比较可持续信息的难度(例如,用于统计范围三温室气体排放的信息),而且为各类市场中介服务提供了最为宝贵的确定性,有利于吸引社会资源可持续地流入,引导实施成本可持续地下降。用互联网行业的语言来说:“越多人用就越好用,越好用就越多人用”,这就是没有强制披露时所没有的规模效应。

二、未来展望

综上所述,ISSB不仅是按照可持续的思想来制定准则,实际也是按照可持续的思想来指导自身的准则制定活动。由以上分析可见,ISSB从所处环境和实际情况出发,采用以我为主、为我所用的策略,遵循问题导向的思路,发现什么问题就解决什么问题,什么问题最重要、最紧迫,就优先解决什么问题,反映了实事求是的精神。面对每一个具体问题时,ISSB不仅在考虑“它是谁、它有没有形成共识、怎么体现它的要求”,同时也在考虑“我是谁、我面对什么矛盾、我要怎么解决它”。

这一点突出表现在,不是说“既然没有顶层设计,那么就首先搭建顶层设计”,而是说“既然没有顶层设计,那么就用不着顶层设计”。换言之,ISSB巧妙地运用逆向思维的方法,将底层设计作为化解矛盾和困难的突破口,反映了一个国际性准则制定者结合其身份、环境和资源,经过深思熟虑后做出的务实选择。客观地说,这些选择有利于准则在自主可控的前提下,实现最广泛的气候适应性,方便随后开展全球推广和实施活动。

这对于各方的启示可能在于:无论对企业还是个人,实现可持续成长的真谛首先是“成为自己”。因为你只有成为自己,才能对自己的长处和短处一览无余,于是,最能帮助你扬长避短的工具就会浮现出来。

·第三篇·

商业实践

第十讲　2024：中国企业向可持续发展转型的突进之年[①]

诸大建[②]

2024年2月8日晚上9点绝对是中国企业可持续发展里程碑式的时刻，在中国证监会统一部署下，上海、深圳、北京三大交易所同步发布了《可持续发展报告指引征求意见稿》（以下简称《指引》）。2月29日公开征求意见截止，3月份两会召开，两会代表特别是许多企业界代表关心和建议的核心话题之一就是ESG，这样的密集讨论会进一步提升《指引》意见的政策质量。我觉得，2024年《指引》意见的制定和出台，作为企业可持续发展的突进之年，将会大幅度助推中国企业从高速度增长转向高质量发展。一方面会使得中国企业从上市公司到非上市公司成规模地向可持续性商业转型，另一方面会激发中国企业可持续发展的外部环境和生态系统进行剧烈的变革。这里谈几点总体上的看法供讨论。

一、ESG是与国际趋势相向而行的制度性开放

搞可持续发展研究许多年，我一直认为ESG是国际可持续发展的通用语言。去年下半年参加某个重要的改革政策内部调研会，我发言强调要把ESG当作制度性开放进行推进。《指引》意见这么快出台，既是期盼的，也是出乎意料的。有人说这是中国特色的ESG，我则说这是与国际趋势相向而行的中国制度性开放，是基本规则的国际化和相关内容的中国化。世界上三大地区对于可持续发展转型的态度和行动，欧盟多年来一直相当于领头羊，美国则随政党变化而左右震荡，中国正在成为从国情出发积极推进的行动者。

（一）基本规则的国际化

基本规则的国际化，从可持续发展报告的取名、披露时间到内容结构、原则、方法等，《指引》没有脱离国际发展趋势另搞一套，有效地落实了国家领导人在联合国会议上的表态，即强调可持续发展是解决当今全球问题的金钥匙。其具体表现：一是用可持续发展报告（SDR）的名称替代了企业社会责任报告（CSR）的名称，与联合国全球可持续发展目标（即

---

① 本文为2023年10月24日上海财经大学富国ESG系列讲座第14期讲座内容，由张航整理成文。

② 同济大学特聘教授、可持续发展与管理研究所所长、同济大学学术委员会副主任。

SDGs 的倡导）以及由此而来的 ISSB 和 GRI 的精神相一致，《指引》意见合适地采用了可持续发展报告的说法；二是实施时间与 ISSB 相一致，《指引》意见在 2025 财年开始生效，要求可持续发展报告与财报同时发布，即 2026 年 4 月 30 日开始按照指引意见发布 2025 年可持续发展报告，2024－2025 年是两年的过渡期；三是报告的结构采用了规范化的框架，与 ISSB 相似，《指引》意见共六章，核心内容四章分别是可持续发展报告的一般要求加上环境、社会、治理的三个领域要求；四是主要对象的强制性，包括上海 180 指数、科创 50 指数、深圳 100 指数、创业板指数等样本公司及境内外同时上市的公司，其他是半强制与自愿性要求，《指引》意见将对所有中国企业高质量发展起到引导作用；五是财务—影响（即双重实质性分析）与 GRI 和欧盟的 CSRD 一致，四个核心［即治理—战略—影响（风险与机遇）—指标（指标与目标）］与 TCFD 和后来的 ISSB 一致，不仅要披露结果（What），而且要披露流程（How）。

（二）具体内容的中国化

具体内容的中国化，在环境、社会、治理三个维度中都有相关的安排，把基于中国国情的重要性议题包容进去，在此基础上可以用 ESG 的中国实践和中国政策影响国际社会。具体表现：一是从高质量发展的角度强调可持续发展报告要提升中国企业的五个能力，即治理能力、竞争能力、创新能力、抗风险能力、回报能力。二是按照中国企业的发展阶段差异，在引用国际化指标的同时，降低某些方面的具体要求，例如碳排放范围三为有条件披露。三是在强调定量的同时，对暂时不可定量的要求允许定性披露，2026 年首个报告不要求进行同比。四是 ESG 三章共 8 节 20 项议题，环境部分包括气候变化、生物多样性、循环经济三节，其中 CCER 是中国特色；社会部分包括乡村振兴、供应商与客户、员工三节，其中乡村振兴、减少中小企业欠款是中国特色；在治理部分包括了治理机制、反商业贿赂两节。

二、A 股企业可持续发展的可能趋势

按照《指引》意见，如果 A 股核心企业 2026 年 1 月开始完全报告可持续发展和 ESG 信息，在从现在开始的 2 年过渡期中，估计 A 股企业可持续发展的公司治理和信息披露会出现如下四个方面的趋势。

（一）A 股市场可持续发展和 ESG 报告将大幅度增加

2023 年 A 股市场 5 000 多家上市公司，发布 CSR、可持续发展、ESG 三种报告约 1 800 份，占总量的三分之一。《指引》意见正式通过后，估计 2024 年 A 股市场的可持续发展报告会非线性增长，而现在的企业社会责任报告会大幅度减少或转型。《指引》意见指出上市公司发布可持续发展报告的同时可以不再公布企业社会责任报告，这是重要的。否则仍然会导致用软性的非规范的企业社会责任报告代替硬性的规范化的可持续发展报告或 ESG 报告的情况。虽然短期内中国国企的信息披露会采用兼顾两者的形式即 ESG 兼社会责任报告，但是即使沿用企业社会责任报告，其结构与内容也将会规范化地大幅度转向可持续发

展报告和 ESG 报告。

(二)专业事务所将会成为企业非财务报告的研制者

以前财经类媒体和社科院等研究机构,是企业社会责任报告的主要撰写者,受众更多是国资委等政府管理者。现在要求发布可持续发展报告或 ESG 报告,与报告形式变化相一致,专业事务所将会成为企业非财务报告的研制者和主导者,受众要更多地面向资本市场投资者。ESG 报告要有第三方鉴证,将推动专业的人做专业的事,以前把企业社会责任报告写成好人好事的媒体讲故事方式会日益被认为是业余的。与此同时,专业事务所本身将急速加强可持续发展与 ESG 方面的人力资源和能力建设。

(三)董事会及审计审核部门全过程介入企业 ESG 管理

以前的企业社会责任报告主要是企业公共关系和社会交流部门的事情,现在的 ESG 报告是董事会主导下的战略研究部门的事情。企业决策层需要对 ESG 进行全过程的决策与管理,包括事先有计划、事中有审核、事后有应对。一些领军企业和头部企业为加强 ESG 导向的公司治理,会设立实质性的 CSO 岗位(即企业首席可持续发展官),与 CFO 相辅相成直接对 CEO 负责。企业董事会成员会加强 ESG 方面的知识和训练,增加可持续发展方面的独立董事,像审核财报一样对 ESG 报告进行专业化的审计审核。

(四)社会上的综合性评级会减少、专业性的研究会增加

在统一企业可持续发展报告及指标以前,各种财经媒体和社会研究机构热衷于自设标准搞综合性评级,国内每年年末有各种各样的企业评级、排行和评奖活动。这些活动没有多少权威性,就我个人而言,研究企业的 ESG 一直不看这样的东西。未来在企业非财务报告要求和指标走向统一的背景下,社会上五花八门的综合性评级会减少,国内少数权威性的评级机构会在服务竞争中确立头部地位,类似目前国外的 MSCI、S&P、Sustainalytics 等。以前的财经类媒体和研究机构可以在行业性的研究分析上发挥作用,使得企业 ESG 按照行业和领域走向精细化发展。

三、企业 ESG 管理的全面专业化

企业 ESG 不同于传统 CSR 的重要点,是需要专业化的分析和规范化的管理,以免各种眼高手低、有意无意地“漂绿”。在企业社会责任报告的情况下,信息披露的定性化和破碎化是可以容忍的;在可持续发展报告和 ESG 报告的情况下,信息披露的破碎化和非专业化是不能容忍的。从可持续性研究有关对象—主体—过程的三维视角分析《指引》意见,可以对企业可持续发展导向的管理和信息披露提出系统化和专业化的看法。

(一)企业可持续管理的三个系统

可持续性的企业管理要统筹协调对象、主体、过程三个系统,在两两之间要有专业性的分析方法和管理方法。对象系统是经济、社会、环境、治理,重点要协调财务性的经济与非

财务的环境、社会、治理之间的关系;主体系统是企业的主要利益相关者,重点要协调股东与其他利益相关者的关系;过程系统是 TCFD 的四要素(即治理、战略、影响、目标),重点是要实现从现状到目标的转变。企业 ESG 的全面专业化,在对象与主体之间要有基于利益相关者的实质性议题分析,在过程与对象之间要有可持续发展转型的情景分析,在主体与过程之间要有重要事项的影响分析和财务分析。

(二)对象—主体之间的实质性议题分析

实质性分析是基于利益相关者的对象分析,一般是四个步骤组成的过程,先是提出企业发展要关注的事项目录,然后在利益相关者中进行问卷调查,随后确定重要性事项有哪些,最后对事项排序。A 股可持续发展报告指引意见提出的三大领域 20 项议题,在不同的行业和不同的企业有不同的权重,需要对利益相关者开展问卷调查,进行实质性或重要性分析,然后对照行业和标杆定出企业自己的长期和年度最重要议题,包括补充与本企业有关的重要性事项。

(三)过程—主体间的碳排放情景分析

情景分析是基于 TCFD 四个要素的管理流程,搞清楚现在在哪里、要到哪里去、如何去那里。在 ESG 有关减少碳排放和发展循环经济的议题中,企业要能够系统地分析能源流和物质流的价值链过程。对于现在在哪里,要分析能源使用和碳排放的现状及一切照旧情景;对于要到哪里去,要研究碳减少和碳中和的情景、目标和指标;对于如何去那里,要用情景回溯法研究可能有的行动,针对范围一、范围二和范围三等,确定成本可接受的减少碳排放对策。碳排放的范围一和范围二是企业运营的碳排放,上下游的碳排放是范围三供应链的碳排放,要从全过程的三个环节系统性地减少碳排放。

(四)主体—过程间的财务影响分析

基于双重实质性的影响分析包括对企业财务的影响和对社会利益相关者的影响。影响分析包括正和负两个方面,正影响是对企业和社会的收益和机会,负影响是对企业和社会的成本和风险。企业应对气候变化中碳排放影响的财务核算,类似宏观生态系统服务特别是碳汇碳源的价值量核算,是求物理量与价格因子的乘积。企业应对碳排放的负影响包括物理成本与转型成本,例如水泥等制造业碳排放超过容许值会增加物理成本,制造业能源消耗从化石能源转型绿色电力会增加转型成本。

四、ESG 呼唤首席可持续发展官(CSO)

专业的人做专业的事,中国资本市场用 ESG 报告指引推进企业可持续性转型和高质量发展,意味着 CSO(即首席可持续发展官)的需求将会非线性地增加。当前企业及其生态系统对这方面的认识和能力严重不足,甚至有新瓶装旧酒把 CSR 当作 ESG 的情况。在企业全面推进 ESG 管理和信息披露的情况下,需要对企业首席可持续发展官的意义和作用有系统性的认识,并付之于行动。(相关阅读:诸大建:ESG是企业从解决社会问题中创造商业机会的动力。)

(一)为什么需要CSO

企业搞ESG是非财务管理的专业化和规范化,需要专业化的CSO人才,而不是业余或半业余的CSR。3年前德勤做调研时指出过从大到小三种环境下的情况:一是外部PEST环境相比内部环境变化更快,因此需要任命专业人士作为CSO帮助企业尽快适应变化,例如双碳目标下腾讯请专业气候变化人士担任顾问等。二是外部利益相关者对企业提出更高要求,但是企业还没有达到期望的方法,例如股票交易所推出强制性ESG报告制度,企业需要这方面的专业人士。三是企业内部意识到ESG影响会成为战略风险,因此需要设立CSO,与CFO一起成为CEO的左右手。

(二)CSO需要做什么

以前企业非财务的管理相对于财务是虚的和软的,现在变得实起来、硬起来,占比越来越多。CSO要负责企业ESG相关的所有实务,实质性的工作如ESG的规划、实施、报告与改进整个闭环工作,能力性的工作如ESG培训提高企业高管和全员的可持续发展意识和能力。CSO需要四种能力、四种管理模式,即推动者、执行者、协调者、管理者。成功的CSO需要将四个管理模式融合变通,根据实际情况和企业成熟度调整各种模式的比例,逐渐从不成熟的轻和弱CSO(运营外的)转变为成熟型的重和强CSO(运营内的)。

(三)CSO人才怎么来

从实践案例看有两种来源,一种是内部来源,从公共关系部门和人力资源部门等提升而来,优点是了解企业情况,缺点是要增加可持续发展方面的广泛知识和介入企业运营的能力;另一种是外部来源,从同类行业和专业事务所中招聘而来,优点是有可持续发展的广泛知识和外部联系,缺点是对企业本身情况缺乏深刻的了解。一种过渡性的做法是,先建立CEO主导下的内外结合的专家团队提供智力支撑,在此基础上培养有两方面结合能力的CSO人才。从长期来看,商学院或管理学院需要与专业事务所合作培训这方面的人才。

五、从中国式现代化发现重要性议题

跨国公司编制可持续发展报告或者ESG报告,通常对标联合国全球可持续发展目标SDGs的17个子目标确定重要性议题。中国企业特别是头部企业搞可持续发展报告或ESG报告,除了对标联合国SDGs目标,更要从中国式现代化中发现重要性议题,在中国式现代化中发现商业机会和解决社会问题。企业可持续发展与中国式现代化的五位一体领域与内容是高度相关的,是中国企业为高质量发展做出贡献的必由之路。最近国资委发文强调企业发展要有商业—社会价值的五个方面,就具有把中国式现代化落实到企业可持续发展之中的战略意义。

(一)ESG 与中国五位一体现代化(G 领域)

企业 ESG 的理论基础是可持续发展企业的四个支柱(即经济、社会、环境、治理),其中经济是企业的经济绩效,环境、社会、治理是企业的非经济绩效。中国式现代化的五个方面,按照领域解读是经济、政治、文化、社会、生态(即富强、民主、文明、和谐、美丽);按照内容解读是经济——人口巨大的现代化、社会——共同富裕的现代化、文化——两个文明的现代化、生态——生态文明的现代化、政治——世界和平的现代化。企业的发展战略与公司治理,要善于把两会上讨论的中国式现代化的许多宏观内容,创造性地转化成微观企业可持续发展的重要性议题。例如金融行业搞 ESG,就要与国家领导人强调的数字金融、科技金融、普惠金融、养老金融、绿色金融等关联起来,有侧重地把它们转化为企业 ESG 的重要性议题。

(二)ESG 与中国式现代化的双碳目标(E 领域)

联合国应对气候变化问题的思想基础是强可持续性,即在气候变化、生物多样性、资源环境等地球生态极限内实现经济社会繁荣,因此碳排放与经济增长脱钩是企业 ESG 的基本背景。中国式现代化是人与自然和谐共生的现代化。中国企业搞 ESG,就是要从去碳化中发现商机。中国最近十年来的新能源革命是这方面的典型领域和成功故事,包括源网荷储的四个方面的供应链革命,即风光发电(如上海电气)、超高压电网(如国家电网)、新能源汽车(如比亚迪)、锂动力电池(如宁德时代)等。

(三)ESG 与中国式现代化的共同富裕(S 领域)

在企业思想的演进中,利润最大化的企业一般强调做大蛋糕而不是分好蛋糕,传统的 CSR 强调要给利益相关者分蛋糕,西方的 ESG 是共同创造价值做大蛋糕。中国式现代化的重要内容是共同富裕的现代化,与此相适应,中国企业的 ESG 要在做大蛋糕的同时分好蛋糕。一方面要做大蛋糕,与利益相关者合作创造价值;另一方面要分好蛋糕,与利益相关者分享蛋糕。不能只做蛋糕不分蛋糕(股东主义企业),也不能只分蛋糕不做大蛋糕(企业 CSR 或积极股东主义)。

第十一讲　供应链中的 ESG 研究[①]

朱庆华[②]

一、供应链中的 ESG 引出

当讲到供应链中的 ESG 问题时，似乎大家在这方面已经有了很好的理解。我原来是研究绿色供应链管理的，并从 1999 年开始研究供应链中的环境问题，但后来发现社会问题也很重要。当年“三鹿奶粉事件”发生后，大家都在讲捐款这件事情，而我却认为三鹿奶粉应该也没少捐钱，但是它的奶粉对婴儿产生了问题，那么这就不算一个负责任的企业。后来，我花了很大的精力去研究“social”到底是什么意思，然后才理解到“social”不是捐款的意思，或者至少捐款是外围的内容，从而将研究领域由供应链中的环境问题拓展到社会责任。我们说其实可持续供应链是在讲什么呢？作为一家企业，首先要赚钱这是肯定的，但是除了赚钱还应该考虑环境责任和社会责任。所以可持续是“triple bottom line”，即为三重底线。

什么叫 ESG？可能有人已经看到过这个问题，在 ESG 评级中，马斯克曾讲过 ESG 其实是个骗局，指出“在 S&P500 ESG 指数中连埃克森（埃克森美孚，全球石油天然气巨头）都位列环境、社会和公司治理（ESG）全球十佳，特斯拉却压根没上榜”。这就好像中国宁德时代的排名靠后，而中石化、中石油这些我们认为环保问题很严重的企业却排在前面。实际上，特斯拉排名靠后的原因主要有两个，第一，缺乏低碳战略。因为一旦说到 E，就必须要有低碳。第二，缺少商业行为准则。这是因为特斯拉曾经发生过事故，尤其是涉及用户的问题。另外，还涉及国外最讲究的“diversity”，即一个队伍当中一定要有各种人来参与。我们知道 diversity 最早是一个生物的概念，一个地区想要可持续稳定发展，其实是需要有生态链的，无论是动物还是植物，都要有各个链条，只有这样这个地区才会欣欣向荣。动物就是通过“大鱼吃小鱼，小鱼吃虾米”的方式形成了各个链条。我在国外时发现，国外的公园一到春天、秋天就会变得五颜六色，但这并不是为了好看，而是为了稳定性。人们常讲的 diversity 也不是为了怎么样，而是为了保证多样性，况且每个人都有优势和劣势，只有一个团队当中

---

① 本文为 2023 年 9 月 19 日上海财经大学富国 ESG 系列讲座第 13 期讲座内容，由任昱昭整理成文。

② 上海交通大学安泰经济管理学院讲席教授、中美物流研究院副院长。

的 diversity 变强了，这个团队才会发展得更好。我曾代表中国参加了上一届在东京举办的性别峰会，发现在国外的理念中，认为男性跟女性都有优势和劣势，男性非常创新，但可能不够细心；而女性则非常周到。其实 diversity 表达的就是这个概念，但男性也会有女性特征，女性也会有男性特征。当时所有国家的代表团都是男性和女性各一半，只有我们中国的代表团除了团长是男性，其他全是女性，这是因为中国认为 diversity 就是女性。

关于 ESG 相信大家已经有所理解，那为什么 ESG 会在中国那么热？很多人认为 ESG 可以吸引投资，更多从银行、投资人的角度来看，他们觉得 ESG 做好了，就有可能吸引到投资。但其实 ESG 分两个角度，一个角度的确是要考虑投资人，不过投资并不是因为看好这个项目而投钱，而是因为 ESG 可能会帮助投资人避免风险，提高绩效，这个企业可能走得更长远，所以投给它的机会可能更多，这是从投资人角度来看的。但是 ESG 更主要的不是从投资人，而是从企业的角度。所以我们说其实 ESG 包括两个角度，一个是评价企业做得怎么样，另一个是评价完以后这些投资人到底怎么看。

我们说 ESG 到底是什么？估计大家也在抱怨评级的五花八门，大家记不住，包括我也记不住，但是看每一个指标我还是很有感觉的。假如真的要记住 ESG 的各种指标，只需要记我们国家所提出的节能减排，减排指的是“三废”排放，包括废水、废气、废渣，这是环境学院讲的，就是对环境造成的影响。但广义上不仅是“三废”排放，还有节约，包括节约资源、节约能源。这是因为我们的资源、能源都远远不够，我们原来一直说中国地大物博，不缺乏资源。但现在来看，我们在资源上其实是面临“卡脖子”的。比如，我们的电动车要用到锂、钴，但这些资源主要分布在几个不发达国家，中国的储量不够多，需求却很大，这便会造成很大的风险。所以我们国家最关心的其实就是资源的问题。因此，环境指的就是节能减排，首先是减排，减少“三废”排放；然后是节约，节约资源、节约能源（见图 1）。

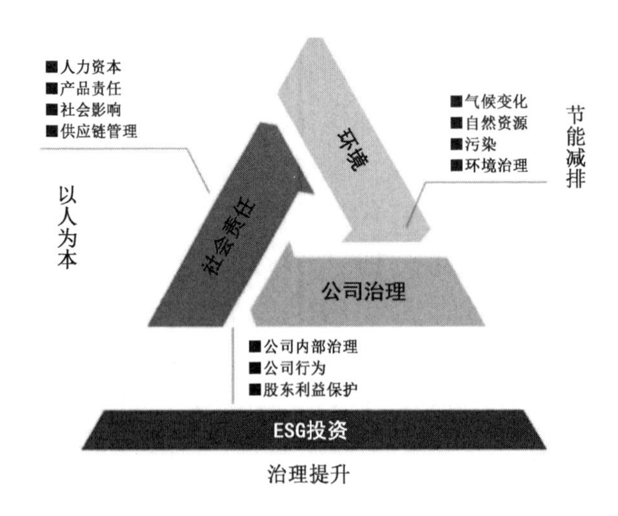

图 1　ESG 分维度指标体系

但是，现在好像很多人把碳排放认为是 enviromental，似乎碳就是环境。从广义上看，碳的确是环境，但是狭义上的碳并不在我们最根本的环境范畴，那为什么大家还会把碳当作环境呢？这是因为“三废”（废气、废水、废渣）排放只会影响局部。上海的废渣本来是要扔到太仓的，但现在不让扔了，所以上海只能进行垃圾分拣，内部消化，但是它并不影响全局。废气也是如此，中国的雾霾最多会飘到日本和韩国，但飘不到欧洲、美国。所以，“三废”排放虽然很重要，但实际上并不是全球的问题，而碳排放则会影响全世界，对于全世界来说都是颠覆性的。另外，从国际上的压力来看，这是全人类的共同命题。在哥本哈根会议的时候，大家都说碳很重要，但又都在讨价还价，欧美人希望不发达国家不要再搞发展了，而不发达国家则认为欧美那么富有，应该提供一些支持。最后才说地球是共同的，我们一定要保护地球，一定要减碳，所以现在碳好像变成了 ESG 当中的 E 了。

关于社会责任，我非常愿意看 ISO26000。社会责任其实就是以人为本，企业要看谁对你最重要，你要对他最好，这样才能得到这些人的支持。接下来讲谁离企业最近，因为员工离企业最近，所以企业要关心员工。国外叫 human rights，但根据中国情境我把它改成了 employee rights，即员工权益，还有 labour practices。除了员工以外，消费者也很重要，企业在生产产品的时候就应该把潜在的危险和风险都告诉消费者，包括法律之外的要求也要告诉他。还有对社区产生的噪声、污染问题，以及广义上的环境问题、恶性竞争等。说到底，我们讲的社会责任就是人，离你最近的你要关心他。当然，建立在法律责任、经济责任已经实现的情况下，企业是守法和赚钱的，这时候就要考虑谁离你最近、你要对他最好的问题，这就是我们讲的以人为本。当然最后还有治理，治理有内部的和外部的。关于内部治理，我们一直跟一些公司在讨论，你们是怎么在不同的部门中传递 ESG 信息的？建立什么样的机制才能真的把 ESG 落到运营当中？ESG 不应该是搞出一套新的东西来，而是要把 ESG 真正融合到所有原来的运营过程中去。外部治理方面则是要考虑利益相关者，并由投资者做出考核。2001 年在加拿大时我去旁听一门 MBA 课程，一个银行行长讲述了怎么去评价供应链上的供应商的环境问题。当时我问了一个问题：为什么要去评价企业的 enviromental performance？他给我的回答是：假如我不评价它，那么当它因为环境违法被罚了，或者效益不好了，就有可能还不上钱，再严重一点，假如被关停，我的钱就打水漂了。可以看出，他们更多是从风险角度考虑的，而我们现在讨论 ESG 更多的也是企业不做 ESG 会有风险，但是做了有可能提高绩效的情况。

进一步地，企业要不要对它的供应商的 ESG 负责？虽然现在要求企业做 ESG 都很难，但是苹果、戴尔跟我们讲的其实都是怎么管供应商的问题。在 2010 年、2011 年苹果曾经因为供应商工人的问题，被质疑是“毒苹果”。为什么乔布斯要在乎这个问题呢？因为假如苹果真的被 NGO 盯住或曝光，苹果的股价就可能会下降。等到了库克年代，库克是做运营出身的，他发现了其中的赚钱渠道，即如果把一些供应链打通了，并通过设计让它可以循环利用，实际上效率会更高。所以，苹果现在出现了再制造机，包括 iPad、笔记本、手机。再比如，戴尔的一台笔记本价值 1 万元，但客户使用一段时间后却只能当废品扔掉，在欧洲还要交污染费。倘若戴尔从一开始就设计好零部件的循环利用,那么这台笔记本可能还能值 3 000 元。所以说,这里面其实有很多的经济账可以算。在这种情况下,苹果彻底发生了改变。苹果原来的电池是可以拆卸的,但现在的电池无法拆卸,因为一旦电池被人为拆卸过,他们就无法判断里面还有哪些零部件可以使用。为了建立这个机制,苹果还做了一件事情:拆解,而拆解是很废劳动力的,所以它又研发了机器人。

在上海有一家企业叫界龙,主要生产车企滚针轴承用的冷拔钢丝,相当于是主机厂上游的供应商。在界龙下游,还有一家汽车关键零部件生产企业舍弗勒,然后再到各个主机厂。但在 2017 年 9 月的时候,界龙由于噪声问题被居民举报,最后被镇政府关停处理。这直接导致舍弗勒原材料断供,而界龙作为中高端车在中国唯一的供应商,所有中高端车滚针轴承的冷拔钢丝都是界龙生产的,因此舍弗勒无法在短期内切换供应商,这才找到了镇政府请求能否推迟关停时间。现在来看,这其实也是社会责任的问题,是 community 的问题。这几年由于疫情原因,大家对供应链中断、供应链风险看得非常重,但其实以前因为 ESG 所造成的中断就已经很多了,这只是一个非常典型的例子。外资就比较注重这一问题,它们在合同里面会签署假如出了问题,供应商要承担责任。所以在出现断供问题后,舍弗勒全球调货,不惜一切成本地先供给外资。而我们的自主品牌由于在 ESG 方面的意识稍弱,只能等什么时候有货了再给你。

2001 年我在课堂上给学生讲绿色供应链的时候,他们还觉得这个东西天方夜谭,但这两天在苹果和戴尔,我们谈论的并不是要不要做、为什么做的问题,而是谈论他们是怎么一步一步把细节做好的。昨天上午我在乐橘(一家做托盘的物流运输公司)交流时发现,它现在给中石化等做的绿色供应链模式非常好,而且很赚钱,正准备上市,我也非常高兴看到中国企业在这方面做得越来越好。

今天在座的大家都是研究者,基金委要求我们做真的问题,要真做问题。也就是说这个研究不能是假的,也不能是你想出来的,而是真的要扎实地研究,并且能够为政府和企业做 decision support。当然研究有很多种范式,我们可以从文献中看 research gap,我们也可以到报纸上看些有趣的话题。但因为我是工科出身,所以我觉得只有这个话题是我真的调研感知到的,是真的需要回答的问题,然后才会去研究,而研究中在一些参数设定分析拿不准的地方再向他人请教,这是我的方式。下面,我想介绍一些我在供应链当中的环境研究,以及供应链当中的社会研究。

二、供应链中的 E 研究

供应链上的环境问题实际上不是一个新的问题,国际上很早就有这些法规,当然这里最早的是 REACH,是针对化学的,后来也针对汽车。我学电出身,我更愿意讲跟电相关的两个法规,一个是 RoHS 法规,即有害物质限制指令,另一个是 WEEE 法规,即废旧电子电器产品指令。RoHS 法规是在 2006 年 7 月 1 日颁布的,它规定电子产品当中假如含有六种有害物质，就不允许在欧盟销售。所以当电子产品中含有六种有害物质时，就只能出口转内销了，温州的鞋卖不出去就是因为胶水出了问题。我同学的先生衣服做得非常好，但在出口服装时就不敢去欧洲，因为欧洲的标准太高了，可能交货的时候好好的，但运输过程中只要发现衣服线头当中有一些有害物质不够环保，就会退回来。中国也有中国版的RoHS法规，不同的是国外规定了六种到八种有害物质不可使用，而中国版的RoHS规定可以使用，但只能用很少的量，假如用了则必须要有标识。而之所以在中国不敢那么严格的原因在于这种物质的替代是与技术和成本紧密相关的。

还有WEEE法规的出台，一直是学术界非常自豪的一件事情。它产生于瑞典的一篇博士论文，这篇论文全文没有一个数学公式，但提出的理念最后用到了欧盟，成为一种指令。它的概念是延伸生产者责任制，其实就是等我们扔掉垃圾电子产品的那天，生产者要对它的处置负责，在日本这叫作“谁污染谁负责”。日本在2001年出台了相关法规，规定扔掉废品的时候要交钱，因为政府要用所有纳税人的钱来处理一些人产生的废品，这本身就是不公平的。但是这里存在一个没有解决的问题，即消费者的这个产品用完以后将来能不能循环利用。假如这个产品里面的芯片很值钱，而且送回去很好拆开的话，人家给你钱；但是假如这个产品设计得一塌糊涂，那么处置的时候人家还要收你钱。所以，生产者在设计的时候就决定了这个产品在扔掉那一天还有没有价值，国外称之为延伸生产者责任制，逼着生产者设计的时候就考虑未来扔掉那一天是否可以回收利用。美国也在做类似的事情，研究主要的零部件能不能等生命周期进入末端。大家估计也有感觉，我们说中国产品的质量越来越好了，而国外的产品则是一出保修期就得换，但其实这也是一种技术。所谓的延伸生产者责任制，就是让生产者负责末端处理的经济责任，同时政府要建立回收体系。

在学术上，国外学术界主要讨论的是跨国公司到底怎样规制不同的供应链。我曾审稿一篇MIT Sloan的文章，讲的是怎样提升供应链上的环境责任，尤其是中国供应链上的环境责任。这篇论文是由斯坦福非常有名的教授写的，而且他把美国的故事讲得非常好。国外政府采取的是“大棒政策”，而中国政府采取的其实是“喂萝卜政策”。国外一个大棒下来，如果企业不做，东西就不让卖了。但我们中国则是假如企业做好了，政府就会给予支持。在2016年中欧管理论坛暨全球供应链的高峰论坛上，我负责了供应链协同与可持续发展的分论坛。当时有三位演讲者，分别来自华为、中策和环翼环境。在中国，绿色供应链做得最好的就是华为。因为华为设置了一个非常高的级别，假如供应商环保做得不好，就不能进入华为的供应商体系。刚才在讲两个法规的时候说，很多中国企业都不去欧洲了，只有华为是把欧洲人请来，让他们指导华为到底怎么做绿色供应链。所以，中国的很多大企业在这方面其实做得已经很好了，华为甚至可以赶超很多国外的企业，中国最难的其实是中小企业的意识不够。

2015年时，工信部曾提出一个“2025中国制造”，而“2025中国制造”中一个非常重要的点就是绿色制造。工信部原来关注的是绿色工艺，即生产工艺要做到环保，另外是绿色产品设计。绿色产品设计，因为在设计阶段其实就已经决定了使用什么原材料，决定了将来是否耗电。比如，我们家里的耗电多少主要跟家里的所有电器功率相关。工厂也一样，耗电基本90%以上跟它用的设备相关。假如它的设备本身就是节能的，那它的耗电自然就下降了。但当时还有一个要不要加绿色供应链的问题，他们是没有确定的。2015年12月15日，工信部邀请我和华为、通用汽车、美国环保协会、公众环境中心探讨这一问题，我当时说所谓的绿色供应链就是“擒贼先擒王”。中国的法规其实很严，江浙一带环保控制的一些指标已经远远比美国严格了，但是我们的问题是执法成本很高。那么多中小企业，有高耗能的、有重污染的，如果每个中小企业都去抓，这个执法是很难的，不可能全覆盖，另外我们的惩罚力度也不够。所以，我建议政府与其去抓一个个中小企业，不如对供应链当中的核心企业提要求。

我举两个例子。第一个是沃尔玛，沃尔玛2008年在北京提出全球绿色供应链管理，因为它90%以上的采购都在中国。它要求供应商重视环保问题，假如供应商的环保做不好，就不允许供应商在沃尔玛卖东西，这显然要比政府挨个抓沃尔玛的供应商有效得多。另外还有一个例子是中国移动，大家都用手机，但是可能都知道实际上我们的基站是非常耗电的，包括现在的大数据、云计算等数字化技术是非常耗电的。中国移动也在做绿色供应链，它要求供应商必须是功率低的设备，否则就不予以购买，这也比抓供应商有效得多。因此，我们政府需要做的就是识别出这样的企业，要求它、帮助它，即解决到底该抓谁、怎么抓的问题，工信部后来做了三年的试点工作，每年拿出20亿元来支持100家企业，每家企业可以给到2 000万元。另外，还把在绿色产品设计、绿色工艺设计或者绿色供应链管理方面做得好的企业作为示范企业，作为政府未来制定标准和法规的依据。

国外采取的是这种法规，但国内还处于喂萝卜阶段，那我们为什么会出现这种情景呢？在什么情景下应该喂萝卜，什么情景下应该砸大棒？比如我看到过有个电机厂设计两条生产线，一条生产线到欧盟，严格遵守RoHS法规；另一条到中国，中国的生产线则不一定按照RoHS要求。还有一家非常知名的光伏企业曾邀请我给他们做清洁供应链方面的工作，它的客户来自中国、欧洲、美国等多个国家，不同国家的供应链法规都不一致。因为企业不可能要求所有的供应商都按照严格的ESG去执行，只能对供应商分类，设计不同的生产线。

在一篇发表在《系统工程理论与实践》的论文中，我构建了一个博弈模型叫作演化博弈。其实博弈的论文都很简单，前提是这个故事必须真的存在，现实中真的需要这个研究。这项研究的前提是，企业要根据政府所制定的法规做出选择，但企业做选择一个很重要的问题是消费者愿不愿意为环保埋单。在戴尔交流时，我问了他们这样的一个问题：你们在供应链上的ESG做了那么多，到底对你们的品牌有没有效果？他们告诉我这在欧洲是绝对有效的，甚至有好几单竞标都是因为ESG做得好才拿到的。这说明在欧洲人的观念里，假如企业告诉消费者他们生产的牛仔裤中有20%、30%是再生棉花，消费者就会认为这是一个环保的企业，从而愿意购买这家企业的产品。在另一篇发表在《管理科学学报》的文章中，我还做了一个三阶段的博弈模型，研究中国政府应该如何制定补贴政策，企业是否参与补贴，以及消费者偏好变化对政府和企业有什么影响。在所谓的三阶段博弈模型中，第一阶段政府决定环保补贴额度，第二阶段由生产商决定生产产品的绿色度水平，最后制定各自的价格。

另外一篇2004年发表在*JOM*上的文章完全是通过企业调研的方式完成的。由于当时学术界对绿色供应链还未达成一致，因此我自己对绿色供应链做了一个界定。结果到企业后发现，企业跟我讲的核心内容都聚焦在质量管理和just in time（JIT）上。质量管理大家肯定都知道，just in time就是准时生产，即企业需要货的时候你再供货，不需要的时候不要积攒库存，最好做到零库存。我当时想，企业不愿意跟我讲绿色供应链、谈环保，是因为企业是赚钱的，绿色供应链跟企业没有关系。他们真正看重的是提高产品质量，所以我想知道假如企业在质量管理、准时生产方面做得好，是不是会更容易做绿色供应链呢？而绿色供应链做得好，又是否会带来企业绩效的提升？为了解决这一问题，我建立了一个非常简单的概念模型，把质量管理和准时生产作为调节变量（见图2）。

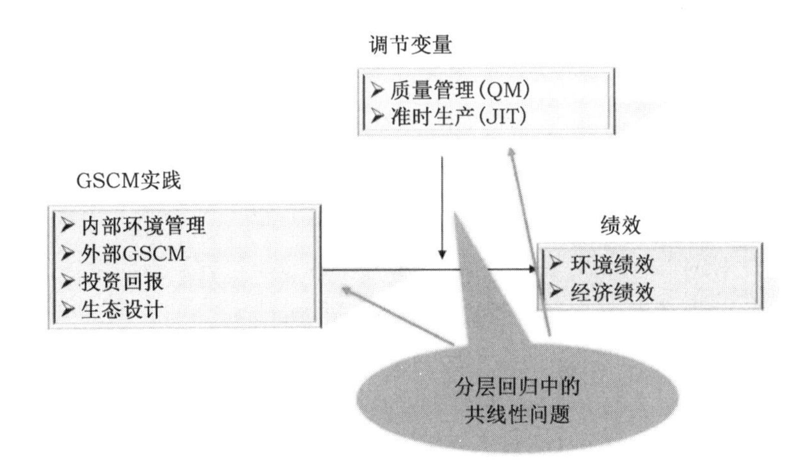

图2　企业GSCM实践影响绩效的理论框架

在研究中我又发现一个问题，现在大家似乎都不能接受问卷数据了。但其实在2000年的时候根本没有数据，能收到很好的问卷数据就已经很不错了，但要求问卷必须是具有代表性的。在我的理解中，我认为问卷是有一定优越性的，因为问卷可以通过设计的方式来使得我们所收集的数据具有代表性。假如使用二手数据，不仅只能依赖于现有的数据，而且在数据处理过程中还会出现很多数据偏差的问题，这是一些方法上的细节。

在收集到问卷数据后，我们对问卷进行了标准化处理。其中一个就是将绿色供应链标准化为1～5，包括我们的调节变量也是标准化为1～5。但是所谓的调节变量其实是回归系数上加一个交叉项，而交叉项是1～25，因此就会产生共线性的问题。另外还有一个问题，我到企业时发现，虽然企业可以告诉我们绿色供应链可以做到什么程度，以及质量管理、准时生产做到什么程度，但却没有办法告诉我们企业的绩效提升到底是绿色供应链带来的，还是质量管理带来的。针对这两个问题，我都找到了解决办法。第一，我把质量管理、准时生产作为调节变量是合理的；第二，二者作为调节变量时的确存在现实当中的共线性问题，也的确存在两种实践到底怎么带来绩效提升的问题，但只要存在问题，我们就一定可以找到解决的办法。最后，我把它们都解决了，并发表在了*JOM*上。这说明假如我们的点子正好切中这个领域中大家共同关注的话题，而且我们提出的问题真的是业界没有注意到的，并在提出后马上吸引到了人们的注意；再加上对数据、方法的一些处理，其实就很容易得到顶级期刊的青睐了。这篇文章的运气也非常好，在当年的评选中获得了最优论文奖。

我后来还以一个非常知名的跨国公司为研究对象，写了一篇文章。这家公司从2008年起就开始做绿色供应链的实践了。也就是说我们现在讲的ESG或者碳排放，只是大家现在才认识到，而那些跨国公司早在2010年左右就已经提出了减少温室气体排放，同时减少非温室气体的排放。另外，还提出要成本下降，质量提升，精益生产，以及准时生产。企业在这方面做的是非常实际的，供应商每年必须在E方面减少10%～15%的碳排放，才能被认定为绿色供应商，然后才能继续下一届的合作，甚至可以多得一些订单。最近在跟戴尔的supply chain social enviromental responsibility部门交流时，他们也在不停讲他们是怎么评价供应商的，供应商出问题时应该怎样纠正，甚至还会因为ESG问题终止与供应商的合作。

但对于企业而言一个非常现实的问题是，E除了“三废”排放还有碳排放，即企业有很多的事情需要做，那么企业到底是面面俱到都去做，还是只做一个方面？毕竟企业的资源是有限的。另外，所有的ESG都是在软硬兼施的，硬指的是企业要买新的设备，真的更换节能设备或开发技术；软则是指企业真的要建立体系，真的要有相关的培训。而软硬这两个方面到底是软的硬的相互联动起来，还是只做一个方面？这也是企业需要考虑的问题。比如在项目里，到底是聚焦某一个方面，还是各个方面都去做；在学习中到底是只在某一个方面去盯，还是每门课都去复习，才能保证最后想要的总分最高。此外，企业的规模不一，所具备的能力和产生的影响也不同。在一篇文章中，我们构造了一个自变量用于衡量企业的集中程度，即判断企业是集中在某一方面还是比较分散的，以及在软硬上的平衡程度；因变量则衡量企业投入是否真正起到节能减排的作用，是否真正带来了经济绩效的提升，并使用了DEA的方法研究，最后2023年也发表在了*JOM*上。这是一个来自现实的问题，在理论上有所贡献；另外数据属于二手数据，我们在更换多个不同指标进行检验后，结论都保持一致。

节能减排虽然包括了多个方面，但是我们现在可以看到，关于ESG的法规已经变得越来越严格，而且已经有越来越多的跨国公司做得很成熟，包括我们国家的央企和上市公司，而如何去影响中小企业、供应链上的企业，才是现在面临的挑战。

三、供应链中的 S 研究

刚才在苹果的案例中，讲的主要是环境问题，即企业的生产环境对工人的身体产生了影响。但社会问题讲得更多的则是压榨工人或薪水过低。其实按照劳动合同法的规定，假如工人迟到了 3 分钟，企业只能扣掉 3 分钟的工资。或者工资其实是不可以扣的，但奖金绩效可以扣。而企业一般会有一个基本工资再加上绩效，并且绩效有可能会占很大的比例，所以工人假如请假，就会被扣除很多。从研究上看，对很多的企业来说最大的问题是如何协同 social 的各个方面。我们曾经给上海市徐汇区的企业做过一次企业社会责任评价。但因为当时的经济形势不好，所以企业对捐款的积极性不高，大多持反对意见。面对这种情况，我们利用 ISO26000 所界定的七个 CSR 核心主题来告诉企业：其实重视社会责任并非只是要求企业捐款，而是希望企业能够更多考虑利益相关者，谁离企业最近就去帮助谁。这样一来，企业就认为这项活动是有意义的，因为它可以帮助企业思考其与利益相关者的关系，这对企业来说是非常好的一点提醒。至于组织管理其实应该是组织治理，包括人权和劳动实践。人权和劳动实践都是员工的概念，人权指的是员工权利，包括环境和公平运营。当然，社会还包括消费者议题、社区参与和发展。我们刚才举例的界龙对浦东构成了扰民行为实际上也属于社会责任问题。但很奇怪的一点是，我们在看社会责任的时候，无论是从小圈、中圈、大圈的概念，还是底层、中层、高层的概念，总是把经济责任放在核心，然后是法律责任，最后才是企业社会责任。但我认为企业应该先守法后赚钱，然后再履行社会责任。

于是我们在一项研究中，探讨了当一个企业作为跨国公司的时候是如何管理它的供应商的。在构建模型时，我们不是像很多文章假设供应商服从均匀分布，而是使用聚类分析的方法分析了企业社会责任异质性以及分布。我们收集了来自东部沿海地区的数据（见图 3），并对数据进行方差分析和多变量方差分析（见图 4），可以看到企业在社会责任方面的表现有好有坏，还进一步得到了企业在社会责任各方面的实践表现情况，包括各项比例和比例中的均值、方差等指标。

然后，我们使用仿真模型，设置政府奖励和惩罚的参数，研究当企业面对政府不同的奖惩力度时会做出怎样的选择。最终的结果还是比较有趣的，发现如果政府先喂萝卜然后再实施惩罚，那么企业只会做免于受惩罚范围内的部分；只有当政府先惩罚后奖励的时候，做得好的企业才会越来越多（见图 5）。也就是说，政府在一些领域还是要加大惩罚力度的，这样才能激发企业的热情和能力，使得政策更加有效。但同时也要注意到奖惩都是有边界的，在某些情境下才能有效，并非补贴越多就能引发越多好的行为，即存在所谓的骑墙现象。

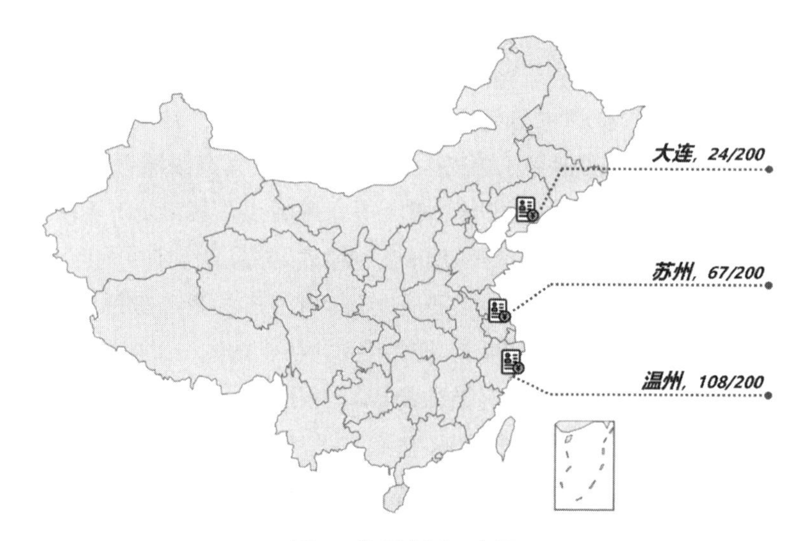

图 3　数据来源示意图

CSR practice	**Cluster 1:** ***Leaders*** (*n*=62)	**Cluster 2:** ***Followers*** (*n*=100)	**Cluster 3:** ***Laggards*** (*n*=37)	**Total** (*n*=199)	***F***
ECC(CSR1)	4.82 (0.23)	4.33 (0.51)	3.75 (0.74)	4.37 (0.62)	55.02***
Empl(CSR2)	4.62 (0.46)	3.82 (0.72)	2.70 (0.89)	3.86 (0.95)	96.92***
Com(CSR3)	4.57 (0.47)	3.50 (0.77)	2.29 (0.81)	3.61 (1.05)	37.92***
Envi(CSR4)	4.65 (0.44)	3.91 (0.55)	2.69 (0.75)	3.91 (0.87)	83.37***
Tests	**Value**	**Between groups *d.f.***	***F***	**Within groups *d.f.***	***p***
Pillai's Trace	0.87	8	37.23	388	0.000***
Wilks' Lambda	0.15	8	78.17	386	0.000***
CSR practices	**Sum of square**	**Mean square**	***d.f.***	***F***	***p***
ECC (CSR1)	75.42	13.33	2	53.59	0.000***
Empl (CSR2)	177.83	42.80	2	90.95	0.000***
Com (CSR3)	218.77	61.68	2	126.72	0.000***
Envi (CSR4)	151.46	44.51	2	139.72	0.000***

** $p < 0.01$; *** $p < 0.001$。

图 4　方差分析和多变量方差分析结果

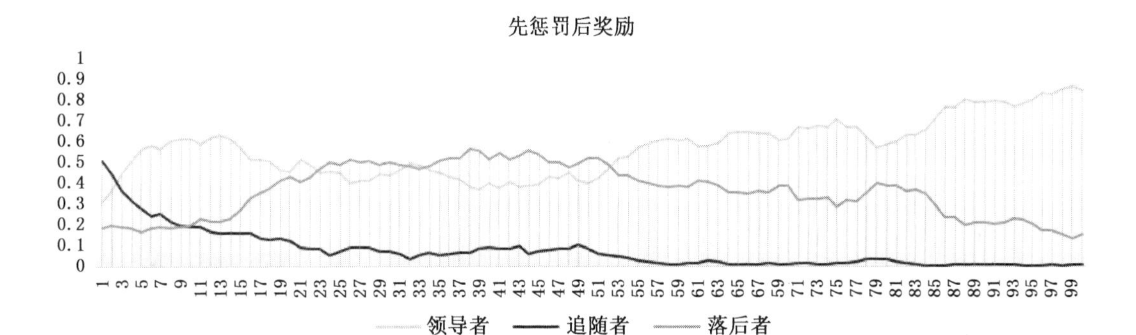

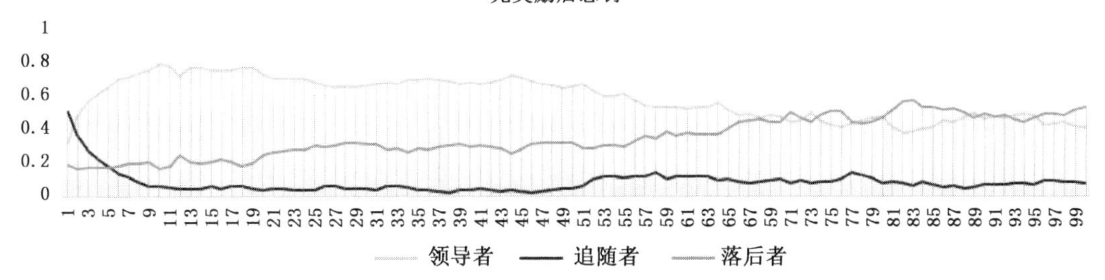

图 5　政府奖惩政策对企业行为的有效性

四、一些新趋势

刚才在讲 enviromental 的时候，虽然我们说节能减排中的“排”实际上是“三废”排放，但现在我国在环境方面更多指的是碳排放，原因在于碳浓度和平均温度变化的关系是最密切的。在 1970 年发表的一篇文章中，作者通过实验室的研究方法发现 90%以上的气温变化和二氧化碳的浓度有关。而从 1970 年到现在的事实也证明，这项研究与现实是完全吻合的，所以现在才会把气温变化落实到碳层面。我国也提出了二氧化碳排放要力争在 2030 年前达到峰值，在 2060 年前达到碳中和。另外，大家应该也注意到了国资委在 2022 年成立了两个局，一个是科技创新局，另一个是社会责任局。而且它的 social 跟国际上讲的七个方面不太一样，它要求主抓双碳目标，即从 2030 年开始我们每年的碳排放绝对值要下降，到 2060 年所有产生的二氧化碳排放都要实现中和。

在 ESG 中还有一个非常重要的概念叫 SHE（Safety、Health、Environment），很多跨国企业都会采取这种准则，假如供应商对 SHE 没有足够的重视，那么无论供应商产品的价格多便宜，它都不会购买。在中国，比较具有中国特色的还包括乡村振兴和援疆援藏援青工作，打造国际知名高端品牌，进而推动 ESG 的发展。

工信部有 403 家绿色供应链，并在 2023 年 8 月 15 日中国的第一个生态环境日上提出了“绿色供应链企业服务行”方案，免费上门提供服务。其实绿色供应链的实质是把最擅长的事情交给最擅长的人去做，虽然你可能不是它的直接受益者，但最终的收益是一定会转化给你的。比如,中国移动要求设备供应商改进设备,直接的受益人并不是中国移动,而是客户。因此,要想保证这一机制可以顺利实现,就必须使得客户能够通过价值机制将部分利益转移给中国移动。

其实所谓的ESG内容在国际上已经有法规来规定了,在供应链上则体现为"due diligence law"。法国和德国相继在2017年、2021年6月11日通过了该法规,欧盟正在推向所有的国家和企业。它实际上讲的是假如跨国公司供应链上的企业违反了ESG问题,就一定要改进。倘若不改进,最高可以被罚款销售额的2%,这也就理解了为什么跨国公司会那么重视供应链上的ESG。但反过来想,正是因为跨国公司在供应链上做了很多关于ESG的事情,才敢制定如此严格的法则。不仅如此,其实对于跨国公司来说,他们更希望把ESG作为下一个差别化的战略。比如,戴尔就提到他们的业务伙伴经常会提一些ESG的要求,希望把ESG作为继质量、环保之后的下一个差别化战略。

欧盟还提出了CBAM机制,这导致本来我们中国的产品是相对便宜的,但由于我们的产品往往是粗放型生产的,也就是碳足迹相对较高,所以在加征碳关税后,我们的产品就失去了价格上的竞争优势。实际上,碳有三个范围,范围一是自己产生的二氧化碳排放,范围二是用电用热产生的二氧化碳排放,范围三是供应链上下游产生的二氧化碳排放。苹果在这方面的界定就非常清楚,它对于自己的供应商只考虑碳的范围一和范围二,但对于向它出售产品的企业则考虑整条供应链上的全部碳范围。

我们还有一个系统工程学会可持续运营与管理系统分会,已经成为系统工程学会下面最大的分会之一。今年的年会是在浙江工业大学举办的,本来以为参会人数是300人,结果最后去了600多人,这说明目前在这方面的研究者和交流已经非常多了。现在我本人也担任*IJPE*的编辑和*IJOPM*的副编辑,这两本期刊在运营管理或公司战略领域都占据着很重要的地位。但其实目前中国在这个领域的投稿还不多,假如大家感兴趣的话也可以投稿,因为做ESG是离不开供应链的。

第十二讲　ESG 评级的原理、方法与实践运用[①]

郭沛源[②]

大约从 2003 年起，我开始从事银行与可持续发展关系的研究。最初，我选择的是环境与贸易的交叉领域，研究涉及环保标签产品的进出口贸易，并且通过 2004 年在日内瓦世界贸易组织（WTO）的实习，进一步加深了我的研究兴趣。在此期间，我发现许多西方金融机构，包括银行、保险公司和基金公司在内，从 20 世纪 90 年代起便开始关注环境问题。进一步地，通过阅读文献，我了解到银行对环境的影响是间接的，即通过金融手段阻止污染公司获得资金，从而预防环境问题的发生。这一发现促使我选择将银行与环境保护的关系作为我的博士论文题目，从 2003 年一直研究到 2006 年。中间恰逢 2004 年联合国全球契约发布了一份研究报告——《在乎者赢》（Who Cares Wins），标志着 ESG（环境、社会和公司治理）概念的正式诞生，我也将这份报告翻译成中文，译名为《有心者胜》，向国内介绍 ESG 的概念。这使我进一步坚定了研究信心，并认为这一领域在中国也必将兴起。因此，2005 年我创办了商道纵横这家公司，旨在将我的研究成果转化为实际应用。然而，当时银行对绿色金融的反馈是比较消极的，因为污染公司通常盈利更高。面对这一现实，我们调整了策略，将目标转向非金融机构。我们发现一些大型公司，如联想集团和中国移动，已经开始关注环保问题。联想因为收购了 IBM 的 PC 部门，需要符合其在环保方面的标准。中国移动则希望自己不仅仅是一个盈利的公司，还要成为一个受人尊敬的公司，因此，它们会更加积极地推进公司社会责任和可持续发展工作。在这一背景下，我们重新调整定位，决定与非金融机构开展合作，帮助它们编制可持续发展报告等工作。这部分的业务，现在通过商道咨询这个品牌来开展。

但绿色金融的想法一直都在。我们团队从 2007 年开始就参与国内绿色信贷政策等的讨论，后来时机逐渐成熟，绿色金融的讨论也从银行的绿色信贷扩展到更广泛的金融服务。于是，在 2015 年，我们决定设立商道融绿这家公司，开展绿色金融和 ESG 数据服务。截至目前，商道融绿已经实现了独立运作，专注于 ESG 评级，其评级结果覆盖全 A 股上市公司、

---

① 本文为 2024 年 5 月 11 日上海财经大学富国 ESG 系列讲座第 31 期讲座内容，由任昱昭整理成文。

② 商道咨询首席专家、商道学堂校长、商道融绿董事长。

港股通上市公司和主要的债券发行人。用户可以通过融绿官网、彭博、万得、Choice、大智慧、新浪财经等渠道查询相关数据。此外,我们还开展了绿色债券的第三方评估认证和ESG 相关研究,并发起成立了中国责任投资论坛(China SIF),每年举办夏季峰会和年会。事实上,在 ESG 领域中,许多问题并没有标准答案,特别是在学术环境中,我们更注重培养思维方法,而非寻找唯一答案。为了进一步激发大家对 ESG 评级问题的思考,接下来我将从以下四个部分展开介绍:ESG 市场概况、ESG 评级方法、A 股上市公司的 ESG 表现以及ESG 评级的实践应用。

一、ESG 市场概况

近年来,尽管人们关于 ESG 持有很多不同的观点,但尚未形成一个相对客观全面的概念。2023 年 12 月,全球可持续投资联盟(GSIA)发布了最新的《全球可持续投资 2022 年度报告》。该报告自 2012 年起,每两年更新发布一次,主要收录了美国、加拿大、欧洲、日本等主要市场的可持续投资数据,并分析了各大市场可持续投资规模、增速以及可持续投资策略应用情况等。

首先,从美国市场的情况来看。美国的可持续投资规模从 2018 年的 11 万亿美元增长到 2020 年的 17 万亿美元,实现了快速增长,然而却在 2022 年时骤减到 8 万亿美元。究其原因,这是过去几年美国内部关于 ESG 出现很大的争议和分裂所导致的结果。最典型的一个例子是,美国由民主党控制的州基本上是支持 ESG 的,但由共和党控制的州却基本上是反对 ESG 的。这对美国的资产管理公司造成了直接影响,如果资产管理公司想要拿到各个州养老金的管理权,就必须对 ESG 问题做出表态,而最好的办法就是不再提及 ESG 的概念。例如,全球最大的资产管理公司贝莱德的 CEO 于 2023 年表示今后贝莱德将不再使用ESG 这个名词。但需要注意的是,这并不代表贝莱德不再使用 ESG 的投资方法。在 2024年 5 月 4 日的股东大会中,巴菲特的发言其实也是不支持 ESG 的,但即便如此,股东大会还是谈论了很多与 ESG 相关的问题,包括能源转型、气候变化等,只是他和他的团队使用了一种更加实用的方法来分析气候变化可能对保险业务产生的一些影响。而在贝莱德的 CEO每年给被投公司的一封信中,也有一段关于能源转型的问题,他表示考虑到气候变化可能带来的种种影响,当前的基础设施应该对此做出调整。以上种种现象反映了目前 ESG 在美国的情况,尽管美国对 ESG 避而不谈,但其实在很多问题上均采取了务实的思路,其最简单的衡量标准即为是否会对财务回报产生影响。在此基础上,我们需要进一步考虑其他地区是否也出现了同样的情况?即美国对 ESG 的争议是否波及其他的国家和市场?为了说明这个问题,我们对加拿大的 ESG 市场进行考察。相关数据显示,加拿大的可持续投资规模从 2016 年的 1 万亿美元增长到 2022 年的 2.3 万亿美元,并呈现稳步增长的趋势。由此判断,加拿大市场几乎没有受到美国 ESG 争议的影响,所以基本上可以认为 ESG 争议仅限在美国国内,不会产生溢出效应。

其次，我们考察欧洲的情况。欧洲的情况比较特殊，它的可持续投资规模先从2016年的12万亿美元增长到2018年的14万亿美元，然后减少到2020年的12万亿美元，最后又在2022年回升到14万亿美元。之所以会出现如此复杂的变化过程，是因为欧盟在2019年曾出台了一项针对金融机构的《可持续金融信息披露条例》，要求相关机构在推出ESG产品时必须给出足够的流程和方法以表明确实使用了ESG方法，旨在降低由于ESG市场发展过快而导致的潜在风险。该指令的公布使得一些产品不敢继续使用ESG的标签，从而直接导致2020年欧洲ESG投资规模的缩水。但随着时间的推移，人们在实践中逐渐适应了这项法规的变化，因而在2022年时欧洲的ESG投资规模又恢复至先前的水平。

最后，考察中国市场的发展情况。在中国，我们主要统计了泛ESG的市场容量，具体包含三个类别：银行的绿色信贷、可持续的证券投资（包括股票类的投资基金和绿色债券）和绿色PE（比如国家绿色发展基金）。从总数来看，目前的市场规模已经达到33万亿元，并且基本实现了每年30%的增长。但从市场结构来看，其中绝大多数都属于银行的绿色信贷。具体而言，截至2023年第三季度，大约30万亿元来自银行，只有3万亿元左右来自传统意义上的资本市场，而且其中股票型投资基金以及混合类投资基金只占据5 000亿元左右，余下的2.5万亿元均属于债券。因此，仅从资产管理规模的角度来看，目前中国只有5 000多亿元人民币的基金产品能够算得上ESG的主题基金，与欧美市场相比差距较大。

总体而言，全球范围内，除美国以外大部分地区的ESG投资都处于增长阶段，但具体的发展路径有所不同。在中国，谈及绿色或ESG投资，银行的绿色信贷是不可或缺的因素，银行在其中扮演了非常重要的角色，这也使得中国的绿色金融和ESG发展路径与欧美国家不完全相同。因此，考虑到整个金融市场的结构特点，反而是中国的ESG发展经验可能更适用于其他新兴市场国家。

二、ESG评级方法

第二部分内容主要介绍ESG评级及其方法论。ESG评级是当前备受关注的问题，这是因为许多资产管理公司、分析师和股票分析师不可能逐一查阅每家公司的ESG报告，因此需要一些可比较的、结构化的数据，其中最典型的就是ESG评级。值得注意的是，尽管ESG作为一个正式概念在2004年才被提出，但实际上，伦理投资和社会责任投资的概念早在20世纪90年代就已经在欧美国家出现，并随之发展出ESG评级或更广泛的ESG数据服务。例如，一些早期的数据服务商包括KLD和Jantzi Research等。具体来说，KLD最初被RiskMetrics收购，随后RiskMetrics又被MSCI收购。这些并购活动主要发生在2008年至2016年间，正值ESG领域快速发展的阶段，因此在一定程度上反映了行业整体发展的趋势。Morningstar Sustainalytics的前身则是由几个小型评级公司合并而成的，其中一个主要部分是加拿大的迈克尔·扬茨（Michael Jantzi）所创立的Jantzi Research。大约在

2008年,Jantzi Research与几家欧洲公司合并形成了Sustainalytics,随后被晨星(Morningstar)分两次收购,最终成为Morningstar Sustainalytics。道琼斯可持续发展指数(DJSI)最早是由道琼斯发布的,现在由标普道琼斯负责。该指数于1999年推出,是最早的主流可持续发展主题指数之一。当时的合作伙伴是一家总部位于苏黎世的资产管理公司Robeco SAM,其研究团队的研究方法对道琼斯可持续发展指数的编制起到了重要作用。它们的合作关系维持了将近20年,直到2019年,标普道琼斯直接收购了Robeco SAM的研究团队,将其纳入标普道琼斯的研究体系,继续推动CSA评估方法的发展。此外,穆迪在2019年也收购了欧洲老牌评级公司Vigeo Eiris。总之,许多公司早在20世纪90年代就已经在ESG领域开展工作,但经过市场整合和洗牌,这些老品牌逐渐被更大的公司收购和整合。尽管这些品牌本身可能不再被大众熟知,但它们的贡献和方法仍然在今天的ESG评级体系中发挥着重要作用。

目前,大多数评级公司选择公开其ESG评级方法论,便于公众理解和应用。例如,MSCI将ESG分为10个主题,细化为35个关键议题。这些主题和议题主要从环境、社会和公司治理三个维度展开,并与最新的可持续发展报告指引存在很多的相似之处。例如,环境方面通常将气候变化放在首位。类似地,标普道琼斯也在其网站上公布了CSA评估方法论,涵盖环境、社会和经济类别的指标,且每个指标下均囊括了更加具体的细项指标,如环境和社会的信息披露、运营相关的生态效应和气候战略等。图1则详细展示了商道融绿的ESG评级体系,主要包括管理得分和风险得分两个维度。在此需要强调的是,之所以单独计算公司的风险得分,主要源于对市场的一些基本判断:目前对于很多中资公司来说,相较于奖励那些ESG表现优异的公司,更重要的是判断究竟有多少公司面临着ESG的风险暴露。如果把这个判断回归到一个更加哲学化的问题,我们认为现在中国大部分公司首先要争取做的事情是“不作恶”,即做好基本的污染防治工作,而不是说所有公司都要高瞻远瞩,关爱社会。正是基于这一判断,我们选择相对强调公司的风险得分,并将其作为一项单独列出。进一步地,在管理和风险方面,我们也会考虑环境、社会、公司治理等因素。环境方面主要涵盖环境政策、能源及资源消耗、污染物排放、气候变化、生物多样性等;社会方面包括员工发展、客户管理、供应链管理、信息安全、产品管理、社区等;公司治理方面涉及治理体系、商业道德、合规管理等,共计14个核心议题。此外,考虑到这些议题与不同行业的相关性不尽相同,我们还设计了行业ESG议题实质性矩阵,对不同行业的公司使用不同的评估指标。通常情况下,我们需要使用八九十个指标来评估一家公司,其中大约60%是通用指标,比如大家都需要关注的员工问题等,但还有40%是行业特定的指标。实际上,ISSB在发布可持续披露准则之前的征求意见稿中也有一个按照行业分类的文件,但最终却没有被写入正式的文件。尽管目前对这个问题仍存在一定的争议,因为会计领域中并没有按照行业制定指引的要求,但在ESG领域,考虑到不同行业的评估指标存在差异,按照行业分类可能会显得更加合理。

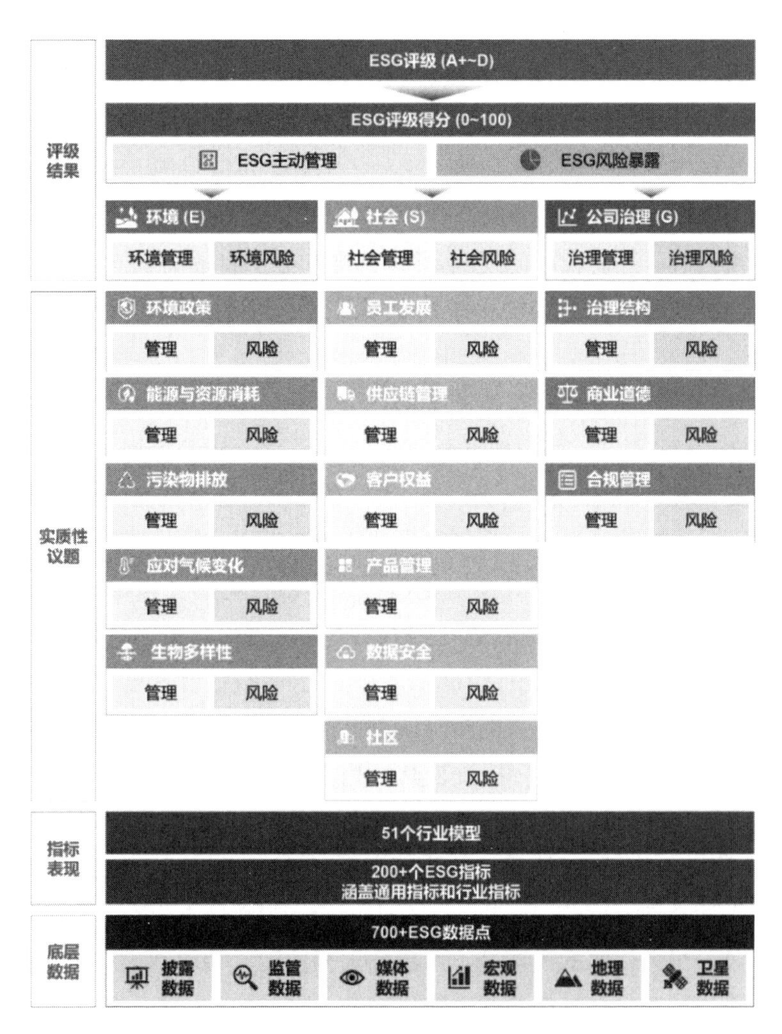

图1 商道融绿ESG评级体系

数据的可比性也是备受关注的一个重要问题,国内外学者也一直在研究ESG评级机构及其评级结果的可比性。对于信用评级,如穆迪和标准普尔等机构,其评级结果通常具有较高的一致性,约在90%。这意味着不同机构对同一主体的评级差异较小,通常仅相差半个等级,确保了债券市场有明确的参考依据。加之在一般情况下,各机构的评级调整时间也相差不大,通常在几个月内即可实现同步,因此市场对信用评级结果的一致性预期较高。然而,ESG评级领域则截然不同。ESG评级结果的离散度较高,各评级机构的一致性仅在30%~40%,从而引发了人们对评级机构为何会对同一公司的评级结果存在巨大差异的疑问。事实上,如果将ESG评级比作烹饪,那么不同机构的评级结果差异就如同不同餐馆烹制同一道菜,但味道却各不相同。这种差异主要由两个原因造成:一是"原料"不同,二是"烹饪工艺和流程"不同。首先,原料的标准化尚未实现。标准化原料即ESG报告,但并非所有公司都会发布ESG报告。目前市场上仅有约三分之一的公司发布了ESG报告,尽管这一比例在不断增加，但报告的质量却参差不齐，缺乏真正有价值的信息。这迫使评级公司采用各种方法收集公开信息，从而导致原料的多样化。其次，烹饪过程各异。尽管评级指标存在一定的共性，例如大多数包含气候变化的问题，但具体指标和权重的设置却不尽相同，指标和权重的差异进一步导致评级结果的不一致。尽管目前ESG评级结果的离散度较高，但我对此持乐观态度。在标准化的"菜谱"尚未建立之前，不同机构的评级结果确实会有较大的差异。然而，随着市场的发展，评级标准和方法将逐渐趋同，市场也将经历一个逐步演进和淘汰的过程，实现更高的一致性。不过这一过程可能需要较长时间，不会在短短一两年内完成。

关于ESG评级还有一个比较有趣的案例，2022年时马斯克曾在社交媒体平台上公开炮轰ESG和ESG评级，他说：ESG是魔鬼的化身(ESG is the Devil Incarnate)，然后又说：ESG评级是垃圾(ESG ratings make no sense)。这是因为马斯克认为现行的ESG评估对特斯拉而言是不公平的，传统燃油车公司只要做出些微努力，减少碳排放，ESG评级就能显著提升，而特斯拉作为一家为应对气候变化提出产品级方案的公司，却没有获得一个好的评级。甚至标普道琼斯将其从标准普尔500ESG指数中剔除出去，而保留了埃克森美孚这样的石油公司。马斯克的这一言论在引起广大争议的同时，也启发我们对ESG评级问题多了一些深入的思考。首先，在讨论特斯拉与埃克森美孚的ESG评级对比时，我们需要先明确以下几点：第一，将这两家公司直接比较其实是不恰当的。这是因为标准普尔500 ESG指数的编制方法明确指出，特斯拉被归类为消费品行业，埃克森美孚则属于能源行业，因此它们并不在同一个分类中评级，即无论埃克森美孚的表现如何，都不会对特斯拉的评级产生影响。第二，即使在同一行业内分析，也需理解评分机制的复杂性。ESG评级包含许多议题，并且实际评分中各议题的权重是不可能完全相同的。如果我们按照议题列表来分析特斯拉的表现，可以预测它在某些领域可能得高分，如气候变化方面。然而，基于马斯克在Twitter改革和近期裁员等事件中表现出的问题，以及特斯拉对产品责任的处理方式，特斯拉在劳工问题和产品责任方面可能失分。因此，即使特斯拉在某些领域表现出色，总评分也可能因其他方面的失分而受到影响。其次，关于评分方法的合理性问题。马斯克认为现行方法对特斯拉不公平，是因为它在一些关键领域表现优异，却因次要问题失分。然而，评级公司需要制定适用于所有公司的评分方法，这类似于高考试卷需要考虑大多数考生，而不是特长生。特长生可能会觉得现行考试方式对其不利，但为了整体公平性，考试还是需要照顾大多数考生。在进一步探讨中，我们可以考虑为特长生提供专门通道。这在评级行业中也同样适用，我们可以探索不同的评级方法。例如，以绿色销售收入为标准，可以让特斯拉等公司在特定评级中排名靠前。综上所述，现行的ESG评级方法虽然存在可讨论之处，但总体上具有合理性。我们应当借鉴并改进这些方法，以便更广泛地适用于不同场景，进一步完善ESG评级体系。

三、A股上市公司的ESG表现

接下来，我们继续探讨中国公司在ESG方面的整体表现。根据商道融绿2018年至2023年的ESG评级结果，如果以A+为最高评级，C−为最低评级，则对于中证800指数来说，大多数公司均集中在中间等级。但如果将分析范围扩展至全A股市场，评级的重心则会向后移动。这是因为中证800指数的公司往往实力较强，其ESG评级普遍高于其他公司。因此将范围从中证800指数扩大至全A股市场时，评级平均水平可能会下降2～3个等级。另外，我们还可以明显地观察到，中国公司的ESG评级在逐年提升。具体而言，从2018年到2023年，中国公司的整体评级提升了22%，相当于每年提升约3%。进一步思考，为什么中国公司在ESG评级上能够实现逐年提升？这可能是以下几个因素共同作用的结果：一是信息披露水平的提高；二是公司在ESG领域的实际投入增加；三是公司在应对评级要求上变得更加熟练。例如，我们发现有些公司，尤其是国有大型银行，在其社会责任报告中专门以港交所的ESG报告指引为标准，设置了ESG章节。尽管这些章节的可读性不强，但对评级分析师而言却十分方便，从而有利于提高自身的ESG评级。从行业角度来看，在过去几年内，某些行业的评级表现较好，比如卫生服务业，这可能与过去三年的疫情影响有关。从公司性质的角度来看，相较于整体而言，央企上市公司的ESG评级结果普遍偏高，发展相对迅速。

在此基础上，如果将商道融绿的评级结果与MSCI的评级结果做对比，我们可以发现由于MSCI主要针对纳入全球指数的公司进行ESG评级，故并未完全覆盖中证800指数。因此，我们主要使用MSCI已评估过的公司的百分比分布图进行比较，结果发现中资公司的评级在MSCI体系中则相对靠后。此外，MSCI在2018年发布的报告中也显示，中资公司的ESG评级低于新兴市场和全球平均水平，这显然与中国的经济地位不相匹配。为什么会导致这样的结果？我认为可以从ESG评级影响因素的角度考虑，可能包含技术性的因素和非技术性的因素，并且其中有些问题是我们可以解决的，而有些问题则无法解决。比如信息披露方面，我们可以通过主动增加披露内容，并采用国际化的表达方式，特别是使用英语逻辑披露相关信息的方式来提高ESG评级。关于碳信息披露，过去大家可能担心国家安全或商业机密等问题，但A股的ESG报告指引已经明确指出，范围一和范围二的信息是必须披露的，范围三的信息则是有条件披露的。国资委在去年关于ESG报告的研究项目中也提到，大多数指标的披露并不会带来风险，所以公司在这方面的顾虑应当有所下降。总而言之，目前信息披露仍是最为核心的一个问题，尤其是要以国际评级机构能够理解的方式披露。

关于指标权重和设定，有些因素可能是我们无法完全公开获取的。今年4月在中国对外承包工程商会主办的会议上，我们还讨论了中国的ESG指标权重是否可以调整的问题。当时得到的回复是指标权重设置都是一样的，但在具体实践中可能会微调打分的方法，以便适应中国的情况。但在我看来，这种微调并不足以充分反映中国公司的实际情况，因为我们毕竟处于不同的经济社会发展阶段。以碳中和为例，欧洲的目标是 2050 年实现“碳中和”，看似比我们 2060 年“碳中和”的目标提前了十年，但这对于欧洲来说其实是一件相对容易的事情。其背后的原因在于我们所处的发展阶段不同，20 世纪 90 年代时，欧洲大部分高污染、高排放产业就已经转移到了海外，因此无需花费太多时间关心治污的事情，包括它们的“碳达峰”实际上也是自然达峰的。相比之下，我们则需要同时关注治污、减碳、扩绿和增长四个方面，而且不能因为过于追求减碳导致其他社会问题的出现。在这种情况下，对于中国公司来说，我们不能单纯只关注减碳，还需要综合考虑其他方面的表现。倘若把所有的权重都赋予减碳，反而无法真实反映中国公司的情况。

此外，由于社会、经济、政治和环境的不同，一些在中国被认为正确的做法，国际上可能并不认同。例如，2021 年挪威主权基金决定要将云南白药剔除出股票池，理由是云南白药的业务可能存在生物多样性风险的问题。尽管云南白药认为自己是合法运营的，遵守了各种濒危物种贸易保护的法案，但挪威主权基金仍然坚持认为其业务存在非法贸易的潜在风险。反之，还有一些问题是国际评级机构认同，而在国人中间却有不同意见。例如，港交所要求 2024 年 12 月 31 日前上市公司董事会实现性别多元化，许多中资公司因此增加了女性董事。这种强制性要求虽然推动了性别平等，但也引发了一些争议。在一些 MBA 的课程中，我们也曾讨论过这一规则的利弊。支持者认为这是推动性别平等和多元化的重要措施，而反对者则担心这种强制性要求可能损害公司利益。总之，我们需要从多个方面来提升中国公司的 ESG 评级，包括加强信息披露、调整评级指标和权重、理解和应对国际评级机构的不同标准等。通过这些努力，我们可以更加准确地反映中国公司的实际情况，以提升其国际评级水平。

四、ESG 评级的实践应用

最后一部分内容是 ESG 评级的实践应用。简要来说，ESG 评级数据主要有三种应用场景。首先，ESG 评分可以用于股票筛选，大致包括积极筛选、负面筛选和主题投资三种分类方式。例如，在基金业协会 2021 年发布的 ESG 自评估报告中，其中许多依据均来源于 ESG 评级数据。此外，有些公司在决策时会同时参考多个来源的数据，有些公司则在购买 ESG 数据后自行形成一套评级方法，甚至还有些公司会在形成自己的评级方法后，再出售给其他公司。

就我个人而言，我认为资产管理公司或 ESG 投资基金将 ESG 整合进投资策略中是一个渐进的过程，大致可以划分为三个阶段：

第一阶段是从无到有，开始建立 ESG 投资的数据能力。很多资管机构是从投研开始实践 ESG 的，投研自然离不开数据，所以资管机构往往首先通过采购外部数据快速启动 ESG 投研工作；然后再根据投研成果和市场动向确定下一步的计划。这一点现在变得越来越重要，因为欧美都在加大 ESG“反漂绿”的力度，监管机构发现有自称采取 ESG 投资策略的金融机构，内部并没有相关数据信息支持，因此开出罚单。2022 年，美国证券交易委员会已经开出两张罚单（和解金）。这种监管压力会促使更多金融机构采购 ESG 评级数据，降低合规风险。

第二阶段是从粗到细，识别敏感性的指标和有效数据点。资管机构在对 ESG 多一些了解和实践经验之后，会对 ESG 评级数据的运用有更多的思考，成为进阶型用户。此类资管机构往往不满足于单纯一个评级结果，而是希望做更深入的分析，筛选出敏感性的指标和有效的数据点，尤其是有价值的“增量”信息，即对投资有增益而自有数据库未覆盖的信息。在十分理想的情况下，ESG 信息应与现有财务信息呈现正交的关系，成为一种增量信息。然而，由于评级方法等原因，ESG 评级结果往往与财务信息交叉。特别是对于做量化分析的分析师，希望在众多指标中找到敏感性指标，这可能才是真正增值的部分。

第三阶段是综合运用 ESG 评级，与其他投资策略结合、与机构或产品风格匹配。具体来讲，ESG 评级数据可以和其他 ESG 投资策略甚至非 ESG 投资策略结合运用，效果常常更好。近期常见的做法（即第一种应用场景）是 ESG 评级与投后督导、尽责管理结合运用，用量化数据帮助资管机构与被投公司做更有针对性的对话交流和改进提升。这有点像中西医结合。投后督导依靠机构投资者的经验，有点像中医调理；ESG 评级提供相对客观的现状诊断，有点像西医检测。各有优劣，但如果能结合二者优势，效果更佳。

第二种应用场景是构建指数，这也是多数评级机构来自指数公司的原因。目前商道融绿在进行 ESG 评级之后也构建了一些指数，以实时跟进数据的有效性，或者提供给高校进行学术研究。第三种应用场景是上市公司的对标管理。当前的一个新趋势是，不仅投资者需要评级报告和数据，上市公司也需要。这里面就会涉及一些产品创新的机会，我们也在研究该如何向被评级公司提供数据。其中最大的一个顾虑在于，被评级公司拿到所有数据后，就会做出一些针对性的改善，而这种改善可能只是表面功夫，并不是实质性的变化。因此，我们需要找到一个平衡点，既能促进公司 ESG 评级的改善，又不至于培养出一个只会答卷的“做题家”。除了投资者和上市公司以外，监管机构和行业协会对 ESG 数据的需求也越来越大，这种对标分析不仅满足了上市公司的需求，也便于政府部门更好地了解和提升公司的 ESG 水平。

第十三讲　ESG价值核算与可持续微观机制构建[①]

殷格非[②]

如何在企业财务价值之外，对企业的正面和负面ESG价值进行货币化估值，是ESG领域的前沿性话题。本场讲座为大家介绍基于企业经济外部性的理论和方法，提出ESG净值核算方法和ESG投资潜值计算方法，分析上市公司的ESG价值核算可以发现，ESG净价值为正的上市公司数量逐年递增，具有ESG投资价值的上市公司占比超过50%。指导企业可持续发展和指引可持续(ESG)投资决策的终极未来在于构建可持续微观机制，具体包括可持续披露机制、政策机制、估值机制、投资机制和消费机制五大方面。

一、一标数字科技的来源和历程

本次讲座的主要内容有以下三个方面：第一，在环境和社会因素影响货币化核算方面的一些探索；第二，将ESG价值核算应用于中国上市公司核算的主要发现；第三，探讨ESG价值核算对社会的价值及未来发展方向。

我们从事社会责任这个领域的研究和咨询工作已经有21年，研究货币化核算也有12年了。最早可以追溯至2012年，当时对"企业社会责任"这个概念还是有很多争议的。对企业来说，首先是为什么要承担企业社会责任？一个简单的道理是，企业在经营过程中带来的外部性就是企业的社会责任，承担企业社会责任的原因就是企业在合法经营的前提下，仍然可能对社会和环境产生负面影响。另外一个问题是，企业在社会责任方面投入了资源资金，特别是公益慈善项目，公司本身没有收益，是贡献了社会，贡献到底是什么，有多少？

企业社会责任的重要问题主要有两个：一个是为什么要承担企业社会责任；另一个是企业投入社会责任的贡献有多少。第一个问题的回答是因为企业在生产活动中产生了负

---

① 本文为2024年3月26日上海财经大学富国ESG系列讲座第25期讲座内容，由池雨乐整理成文。

② 责扬天下(北京)管理顾问有限公司创始人、首席专家，北京一标数字科技有限公司董事长，中国上市公司协会ESG专业委员会委员，ISO TC322可持续金融国际标准专家，清华大学MBA/EMBA企业社会责任客座讲师。

外部性，因此有责任去修正，当然产生了正外部性，也有责任去增加。第二个问题就要求我们对企业社会责任做一个明确的核算。否则对于企业来讲，承担社会责任不仅自己没有获益，也无法知道自己对社会和环境的贡献到底有多少，这就是一笔糊涂账，导致企业投入社会责任的意愿和热情大打折扣。这也是我们研究社会责任、企业承担社会责任必须回答的问题，即究竟社会责任能减轻企业多少负面影响，为社会和环境增加了多少贡献。

这些核算会对企业社会责任带来一个评价，其结果是否能用一个指标衡量？比如，企业有对环境的责任、供应商的责任、客户的责任、员工的责任、政府的责任等，怎么评价这么多责任呢？一个指标能否解决这些问题？就像我们评价企业经营好坏，可以看利润指标，那么对社会责任的核算究竟是否可行？我们从2012年就开始思考这些问题，到2017年有所突破。最初的突破就是解决企业为什么要做公益项目，以及用什么衡量企业是否应该做这个公益项目。因为做公益项目是不会给企业带来直接利润的，比如说企业投入1 000万元做公益项目，其产生的社会价值和环境价值能否衡量，以及衡量得到的结果至少要高于投入资金才算合适。所以在2017年的第一个研究就是要衡量社会责任是否可行，以解决企业为什么要做公益项目的问题。形成了一个概念，将项目产生的社会影响货币化，再除以公司投入以及利益相关方的投入，这个值必须大于1；如果该值小于1，就意味着这个公益项目不能做。比如企业在项目投资上花的钱加上社会发动共同投入的资金有1亿元，而项目最后的社会价值只有9 000万元，就说明这个公益项目不能做。这是我们在社会责任方面的最初量化研究应用的突破。

2017年以后，就开始用一些方法论进行进一步研究，这里面最重要的方法论就是自然资本核算及社会和人力资本核算。比如，一家企业在城市把一个湿地项目做好，花费了3 000万元，做好后能带来什么影响，其实是可以计算的，比如新鲜的空气、居民获得休闲的价值等，可以通过公园门票的价值来测算。一个湿地项目的价值测算就属于自然资本核算，当然可能也涉及社会和人力资本核算。

自然资本、社会资本、人力资本的核算解决了环境价值核算和社会价值核算的基础性问题，目前国际上在这方面有一些协议，很多研究讨论了如何计算这些内容，也初步形成了一定的规范要求。我们于2019年承担了一项相关政府部门的研究项目，提出可以使用企业净资产综合价值创造率来衡量一个企业的社会责任。企业的净资产不仅可以创造利润，还可以创造出社会和环境价值。净资产创造的利润与其环境净价值、社会净价值三者之和，就是这份净资产创造的总价值，这里就体现了企业净资产综合价值创造率的概念。企业有净资产利润率概念，将其拓展至净资产的社会环境价值率，它能实现同行业内（一定程度跨行业）企业之间的比较。

在2019年实现了用一个指标衡量企业社会责任的基础上，在2021年开始将其用于不同企业的对比分析，特别是用于核算上市公司的ESG价值。对上市公司的核算具有较高价值，因为投资人都需要更多关于上市公司的ESG信息。仅有评级结果只能解决一部分问题，实际上远远无法满足投资人的需求。ESG货币化核算对投资人来说具有更为直观的应用价值。2021年，我们专门注册了一标数字科技公司，经过两年多的投入，目前已经完成了约6 000家（包括A股全部上市公司和港股中资企业）上市公司2017—2022年的核算工作。这项工作得到了中国上市公司协会的大力支持和肯定，依托我们ESG价值核算支持，中国上市公司协会于2023年11月16日发布了《中国上市公司ESG价值核算报告2023》，今年也会继续发布。

二、环境和社会影响货币化核算探索

所谓的上市公司ESG价值核算，其实就是企业的环境和社会价值核算。我们通常认为"G"维度难以直接核算，或者至少认为"G"维度最终都会体现在"E"维度和"S"维度的结果中，所以还可以称为ESG价值核算。

"ESG净价值"是我们认为最重要的ESG核算概念，为环境净价值和社会净价值之和。环境净价值就是企业在环境方面的外化价值减外化成本。比如说，上面举例的企业把一个城市湿地项目做好了，能够外化的环境价值就是对社会的贡献，是正外部性；相反，如果企业排放污染，就产生了负外部性，其外化的价值是社会成本。同样的道理适用于社会因子，最终得到ESG的整体净价值。在ESG净价值的基础之上，围绕着投资需求出了"ESG机遇与风险"概念，机遇和风险指什么呢？如果在同一个行业里，每一个公司都有ESG净价值，那么谁更有投资价值呢？我们认为在平均水平以上的企业相对而言更有投资机遇，而净价值在平均水平以下的，则更偏向于有投资风险，这是我们提出的ESG核算第二个概念。在这个概念的基础上，进一步提出了一些新的概念，如每股ESG净价值以及ESG市盈率等。

我们现在能核算的基础方法论，包括通用议题的货币化核算和行业特殊议题的货币化核算。其中，环境领域通用议题包括温室气体排放、废弃物污染物排放、资源使用等，资源使用可能具有正价值，比如再回收利用的水资源和原材料等可以计算得到正价值，所以环境方面的结果也不总是负价值。社会领域通用议题包括员工健康安全、性别平等、员工培训、纳税贡献、乡村振兴和共同富裕等，这些都可以用来计算企业的社会价值。还有一些行业特征的指标，比如对游戏行业来说，游戏会让人上瘾，还会给用户带来近视问题，这也可以核算出其负价值。

我们建立了中国上市公司ESG价值数据平台，包括ESG底层数据、ESG赋值数据、ESG货币化核算数据等，数据平台可以自动生成每家公司的ESG价值核算报告，包括ESG报表。此外，平台还有一个供投资人使用的工具，支持投资人使用ESG核算数据来辅助投资决策。

三、上市公司 ESG 价值核算主要发现

对中国上市公司的 ESG 价值进行核算以后，中国上市公司协会发布了《中国上市公司 ESG 价值核算报告 2023》。报告公布了 2018—2022 年 A 股上市公司的核算结果。总体来看，2018—2022 年，样本公司发布 ESG 报告数量呈现逐年增长趋势；2022 年，样本公司 ESG 报告发布率达 47.70%，较 2017 年的 38.26%增长 9.44%。报告还公布了上市公司 ESG 指标披露率情况，包括二氧化碳排放量、员工培训时长、员工健康安全投入、共同富裕贡献等。

当然，数据平台还对数据进行质量评价，根据该数据是否满足一致性、可比性、有效性和准确性，将数据分为 A 级、B 级和 C 级，表明数据质量。基于上述数据质量的分级得到核算结果，但实际上核算的质量基础并不相同，目前只有六个行业的数据质量基本可以达到 A 级水平，有七个行业的数据质量能达到 B 级水平，剩下的那些行业数据质量只是 C 级。

根据该报告，总体来讲，发现 ESG 净值为正的上市公司数量逐年递增，说明我国上市公司对环境和社会带来的净价值贡献越来越大了。从 ESG 机遇与风险指标来看，一半以上的上市公司都有 ESG 投资机遇。

(一)上市公司 ESG 风险机遇价值总体分析

超过一半的上市公司具有 ESG 机遇价值敞口。2018—2022 年，上市公司 ESG 议题、环境议题和社会议题的机遇显现公司数量占比基本在一半以上，约一半上市公司在自身行业内具有较强的 ESG 价值创造能力，具有潜在投资价值。

近半上市公司具有环境机遇价值敞口。2018—2022 年，环境议题中的碳排放议题、废弃物和污染物排放议题与资源使用议题的机遇显现公司数量占比约为 50%。其中，碳排放议题机遇显现公司数量占比围绕 50%波动，废弃物和污染物排放议题机遇显现公司数量占比略高于 50%，资源使用议题机遇显现公司数量占比始终略低于 50%。

半数上市公司具有性别平等、健康安全等方面社会价值敞口。2018—2022 年，社会议题中的性别平等议题和纳税强度议题机遇显现公司数量占比围绕 50%波动，员工健康安全议题机遇显现公司数量占比均稳定在 40%左右。员工培训议题、共同富裕贡献议题和乡村振兴贡献议题机遇显现公司数量占比波幅稳定在 5%以内。

(二)行业 ESG 风险机遇价值分析——以钢铁行业为例

本次评价覆盖钢铁行业 A 股上市公司共 45 家公司[①]，以企业 2018—2022 年 ESG 数据为主。近一半钢铁行业上市公司具有 ESG 机遇敞口。通过分析发现，钢铁行业 2018—2022 年 ESG 整体表现的机遇显现与风险暴露值区间为[－309.27 亿元～＋135.03 亿元]。2022 年，上市公司中 ESG 风险机遇价值为正的数量为 26 家，占比为 57.7%，时序上看，2018—

---

① 以万得数据库 2022 年年底导出的 A 股上市公司名单进行统计分析，剔除披露数据无法满足核算要求的公司。

2022 年上市公司 ESG 风险机遇价值为正的比例和数量呈现先升后趋于稳定的态势，ESG 风险机遇价值为正的占比均高于 50%(见图 1)。

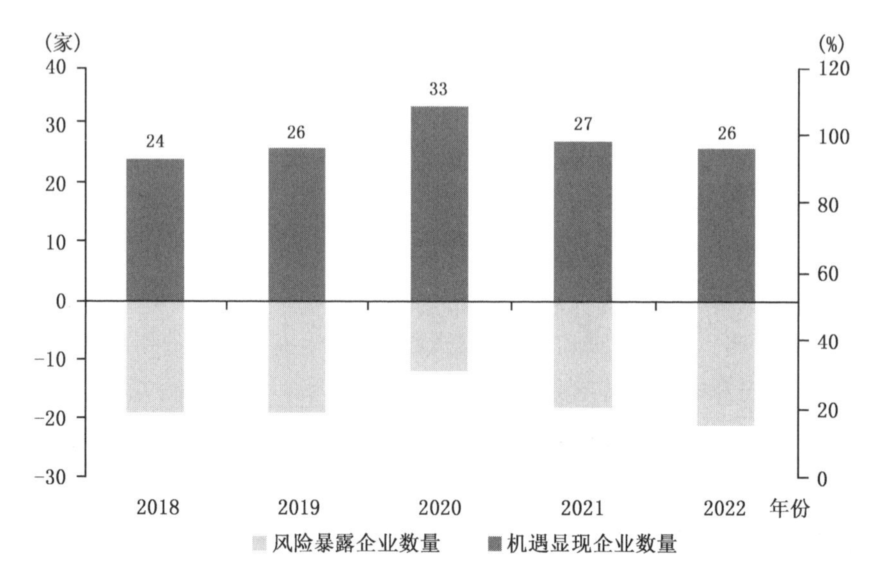

图 1　上市公司风险机遇数量①

在碳排放、废弃物和污染物排放、资源使用、员工健康安全等议题具有机遇敞口的上市公司较多。2022 年，九大议题中，机遇占比较高的议题包括碳排放、废弃物和污染物排放、资源使用、性别平等、员工健康安全、纳税强度议题，占比均接近或高于 50%。员工培训、乡村振兴、共同富裕贡献呈现机遇占比的数量较低，有待加强在乡村振兴重点县雇佣的员工数量、公益投入、培训时长等指标的披露(见图 2)。

部分钢铁上市公司创造了 ESG 正向净影响，并有 ESG 机遇敞口价值。2022 年 ESG 整体表现的机遇显现与风险暴露值区间为[－309.27 亿元～＋130.44 亿元]。本行业 ESG 风险机遇值为正的有 26 家，这些公司因 ESG 价值创造能力高于行业基准显现出机遇。公司 ESG 机遇显现的资金将通过更低的转型成本、增加可持续产品收入等方式体现在财务报表中，提升公司业绩和估值。ESG 风险机遇值为负的有 19 家，这些公司因 ESG 价值创造能力低于行业基准表现暴露风险，ESG 风险暴露的资金将通过拉高公司成本、降低收入和盈利的方式体现在财务报表中，降低公司业绩和估值。

超过一半的钢铁上市公司在碳排放方面有机遇敞口价值。超过一半的钢铁上市公司在废弃物和污染物排放、资源使用方面有机遇敞口价值。2022 年资源使用表现的机遇显现与风险暴露值区间为[－2.46 亿元～＋7.2 亿元]。本行业资源使用风险机遇值为正的有 25 家，这些公司消耗自然资源，但因资源消耗强度低于行业基准显现机遇，相比同行的自然

① 资料来源:《中国上市公司 ESG 价值核算报告 2023》。

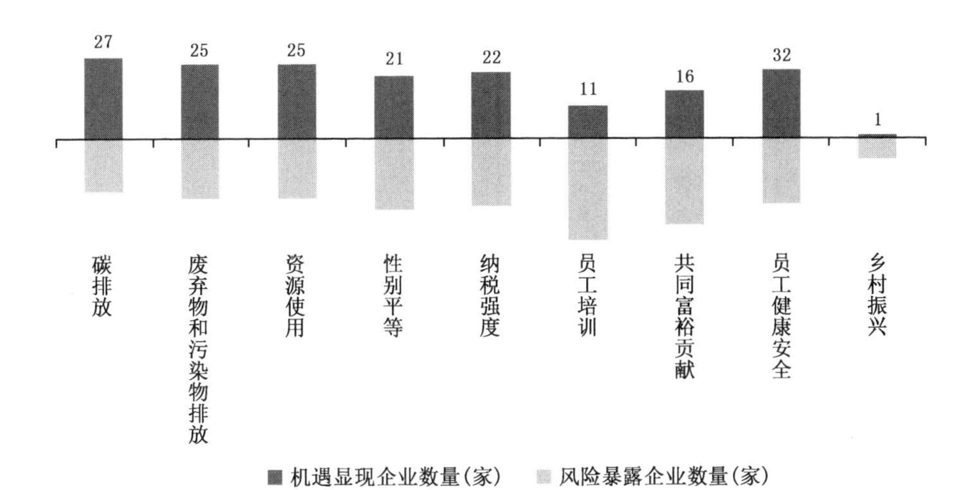

图 2　2022 年上市公司各 ESG 议题风险机遇分布①

资源依赖程度更低，原材料购买的成本更低，具有可持续产品开发的先发优势。本行业资源使用风险机遇值为负的有 20 家，这些公司消耗自然资源，且因资源消耗强度高于行业基准暴露风险，相比同行的自然资源依赖程度过高，原材料购买成本和绿色转型成本将显著拉高。

近半数钢铁上市公司注重女性员工权益，有机遇敞口价值。2022 年性别平等表现的机遇显现与风险暴露值区间为[－0.19 亿元～＋0.35 亿元]。本行业性别平等风险机遇值为正的有 21 家，这些公司相比同行女性员工雇佣比例更高，为女性员工参与行业建设提供支持，其更具包容性的职场环境能更好地保持和发展优秀员工，带来更好的经营绩效和更高的品牌价值。性别平等风险机遇值为负的有 24 家，这些公司相比同行女性员工雇佣比例较低，未来可能面临运营成本增高等风险。

超过一半的钢铁上市公司有员工健康安全机遇敞口价值。超过 25％的钢铁上市公司重视员工培训，创造了员工培训机遇敞口价值。近半数钢铁上市公司纳税贡献显著。超过 25％的钢铁上市公司注重社会贡献，存在共同富裕机遇价值敞口。少数钢铁上市公司披露了乡村振兴地区就业带动情况，为当地经济社会发展创造价值。

另外，以中证钢铁主指数(930606. CSI)为基准指数，以每股 ESG 净值为选股因子，构建了钢铁行业 ESG 增强指数。ESG 价值的样本区间为 2018—2022 年，股市价格的样本区间为 2019—2023 年，评价滞后一期的 ESG 价值对当期股票收益的影响。中证钢铁指数包含一定的股票数，其比重按照股票市值计算，我们将这一比重换成 ESG 净值，就得到了中证钢铁 ESG 增强指数。按照我们的钢铁 ESG 增强指数，从 2019 年回溯可以发现，2018 年的数据可能会在 2019 年的市场中表现出超额回报，最高回报率达到 200％，高于中证钢

① 资料来源：《中国上市公司 ESG 价值核算报告 2023》。

铁指数。

虽然说我们现在的数据质量还有待于进一步提高，但是按照同等尺度核算以后，是具有一定的投资指向价值的。以上是关于上市公司ESG价值核算的主要发现。

四、可持续微观机制构建

ESG价值核算真正的终极未来是什么？我们认为其终极未来是构建微观可持续发展机制。什么叫微观可持续发展机制呢？"微观"指的是企业主体或个体的行为。目前来看全世界企业的主要行为机制是什么呢？其实就是经济核算的机制，更直接地说，是以利润最大化为主要原则的决策机制。只要是有利于企业利润最大化的行为，就可以做决策去执行。但如果每一个企业都按利润最大化决策，即使这些企业都是遵纪守法的，也不能实现社会的可持续发展。气候变化就是一个例子，所有企业都没有在这方面违法，因为在此之前没有一个国家说企业排放二氧化碳是违法的，大家都是在没有违法的情况下排放的，但是也都明白如果继续这样排放下去，社会环境将不可持续。这样的例子还有很多，就温室气体而言，这不是中国排放多或排放少就可以免受影响的，全球范围都会受到温室气体的影响。

仅仅以经济核算来做企业决策是不够的，或者说是不可持续的微观决策机制，必须同时把环境价值和社会价值考虑进来一起做决策，而不是把环境和社会作为经济目标的一个约束条件来做决策，因为这两者是同等重要的。正如不仅仅需要就业和GDP这些经济指标衡量的东西，我们还需要干净的水、清洁的空气等，这些东西具有一样的价值。以前清洁的空气不要钱，但现在追求如何使空气变得更好一点，说明污染的空气是有成本的，清洁的空气可以被视为一种产品。既然是产品，就应该进入核算，它可被视为收入或者成本。

环境、社会的核算最终应与经济核算等同看待，到那个时候每个企业才能实现真正的可持续经营，社会才能真正走上可持续发展轨道，但现在还没能达到这一水平，因为社会和环境还没有被我们充分考虑，成为与经济因素同等重要的决策因素。

可持续微观机制如何构建？主要包括五个机制：第一个机制对上市公司来说就是可持续信息披露机制；第二个是可持续政策机制，ESG价值核算机制能够为可持续政策制定带来更好的决策数据；第三个是可持续管理机制，或称为可持续的估值机制；第四个是可持续投资机制；第五个是可持续消费机制。环境与社会价值核算都会有助于这些机制的建立。

（一）可持续信息披露机制

在可持续信息披露机制构建方面，在中国证监会的统一指导下，上海证券交易所、深圳证券交易所和北京证券交易所分别发布了《上市公司可持续发展报告指引》，这是A股上市公司可持续信息披露的第一个规范性文件，既很好反映了可持续信息披露最新成果和趋势，又体现了中国经济社会发展需求，同时还兼顾上市公司实际。这个指引对上市公司可持续信息披露会带来四个重要变化：一是上市公司非财务信息报告的主流名称会转化为可持续发展报告。二是强调了财务重要性，这是一个特别大的变化，因为以前上市公司的社会责任报告等偏向影响重要性，而财务重要性相对来说比较弱。这个指引带来的一个重要变化就是财务重要性得到了重视，且这个重视能给我们的环境、社会价值核算提供更好的数据条件。三是指引还提出了报告的鉴证/审验问题，未来的可持续发展报告，也可以像财务报告一样让会计师事务所或第三方认证机构鉴证，使这些数据可靠性更高、更具一致性和可比性。四是以后上市公司发布可持续发展报告还要根据指引要求受到监管。因为现在有监管准则了，不按照指引规则披露就会受到交易所的纪律监管约束。这一指引将在上市公司形成一个非常好的可持续信息披露机制。这个披露机制还能够为环境和社会核算提供更好的数据基础，未来上市公司除三张财务报表之外，至少还会增加一张ESG报表。

表1是一家银行的ESG价值核算表，可以从表1中看到环境净值，包括温室气体排放净值、废弃物和污染物排放净值、资源使用净值和社会净值等，最后有一个ESG总净值。今年会有上市公司使用这套数据在其可持续发展报告中公布ESG报表，也会有上市公司单独发布一份完整的ESG价值核算报告。这两种应用方式都会有，一种是核算报告的形式，一种是在ESG报告中使用这类表格。这就是可持续披露机制构建，但非常重要的是它需要有ESG报表或者ESG核算报表。否则这种机制也难以形成微观机制，因为无法量化。

表1　　**某上市公司ESG价值核算表(示例)**　　单位：万元(人民币)

项目/价值变动	期末数(当前报告期)	期初数(上一报告期)	对比上年度的增长率	变动解释/备注
一、环境净值	381 804.56	241 798.12	+57.90%	【绿色金融净值】增幅为57.39%
温室气体排放净值	−1 544.70	−1 585.80	+2.59%	【二氧化碳排放净值】增幅为2.59%
二氧化碳固定净值	0.00	0.00	0%	
二氧化碳排放净值	−1 544.70	−1 585.80	+2.59%	【二氧化碳排放量】降幅为2.59%
废弃物和污染物排放	−549.06	−325.38	−68.92%	【废弃物排放净值】降幅为63.89%
废弃物排放净值	−548.66	−324.86	−63.89%	【一般固体废弃物产生量】增幅为72.66%
污染物排放净值	−0.40	0.52	0%	
资源使用净值	−485.67	−522.60	+7.07%	【新水使用净值】增幅为7.07%

续表

项目/价值变动	期末数 （当前报告期）	期初数 （上一报告期）	对比上年度的增长率	变动解释/备注
循环使用原材料净值	0.00	0.00	0%	
新水使用净值	−485.67	−522.60	+7.07%	【新水消耗量】降幅为7.07%
不可再生资源采购净值（非能源类）	0.00	0.00	0%	
土地资源利用净值	0.00	0.00	0%	
绿色金融净值	384 384.00	244 231.90	+57.39%	未披露【绿色贷款折合年减排二氧化碳当量】，按照绿色贷款余额结合行业平均强度计算
二、社会净值	1 444 985.25	1 243 583.99	+16.20%	【普惠金融净值】增幅为42.70%
性别平等净值	61 456.01	44 286.87	+38.77%	【女性员工占比】增幅为1%且【女性员工数量】增幅为3.77%
员工健康安全净值	−300.35	−294.61	−1.69%	损失工作日等指标，按照赋值方法未披露员工健康安全投入、因工伤进行赋值计算；无因工死亡人数
员工成长发展净值	5 268.12	5 694.63	−7.50%	【人均培训时长】减幅为19.33%
纳税强度净值	0.00	227 518.81		未披露纳税额
共同富裕贡献净值	1 745.00	1 576.56	+10.65%	【公益慈善投入】增幅为10.65%
普惠金融净值	1 376 816.47	964 801.72	+42.70%	【普惠贷款利率】减幅为0.47%，【普惠型小微企业贷款余额】增幅为24.18%
三、ESG 净值	1 826 789.82	1 485 382.10	+22.98%	【社会净值】增幅为16.20%，【环境净值】增幅为57.90%

（二）可持续政策机制

第二个是可持续政策机制的构建。在目前的可持续政策机制下，环境和社会核算可以为可持续政策制定提供更丰富、质量更新的数据基础。比如某个行业需要纳入强制配额市场（CEA）机制，如果公司单位产品排放的二氧化碳属于行业平均水准，则仍可以是原来的产量。但如果单位产品排放的二氧化碳含量高于行业平均水平，就需要购买CCER配额。不买，就无法抵消碳排放或者需高成本抵消，否则可能面临高额罚款。反之，对于排放水平较低的企业来说就可以通过出售碳排放指标获得收入，当生产利润高于卖指标能获取的利润时，该企业也可以选择继续生产。ESG价值核算中的碳价值核算就可以为碳交易政策决策提供一种新的信息来帮助其衡量企业的承受度。

同样的道理，比如固体废弃物的排放，国家以及全球对此的要求都是越来越严格，意味着容许企业合法排放的强度越来越低，因此对于那些排放强度较低的企业来说，其未来风险相对较小。而反之亦然。如果上市公司都公开了排放相关数据，经过核算之后，提供给政策决策者新的数据，那么从这方面出发的决策就会容易许多。

再比如说我们能对性别平等做出测算。当然性别平等有许多含义，如报酬平等、升职平等。计算了企业中女性员工的比例，并认为同行业中女性员工比例更高的企业具有更大贡献，因为企业招聘女性员工意味着要多承担女性产假等一系列费用，在女性休产假期间，员工并不工作，但企业却要承担相关的成本。这个指标对银行的信贷决策也有支持作用。比如说当两个客户的信用评级一样时，就可以按照客户的女性员工比例高低选择贷款对象。为什么这么说呢？当两个客户的信用评级一样时，其中某个客户的女性员工比例高，就意味着它能承担更高的社会成本，而且还能达到相同的信用水平，其更深层次的原因在于该客户的管理水平更高、社会责任感更强，因此给它贷款的风险更低。并且银行还能做到真正的社会责任贷款，因为银行可以通过贷款真正帮助客户保持更高的女性员工雇用比例。因此，ESG核算还能够防止贷款及投资“漂绿”，即可以通过ESG核算帮助投资者判断是否真正开展ESG投资和ESG贷款。这是我们从可持续政策角度看核算的一个发展方向，能够为可持续政策制定提供新型数据。

（三）可持续估值机制

第三个是可持续估值与管理机制构建。ESG机遇风险值这个指标衡量的是未来可能影响企业现金流的情况，影响企业现金流就会影响资本市场对企业的估值，因此通过ESG核算是可以帮助进行估值的。这个估值如果能在资本市场中得到好的体现，就能够影响上市公司的管理决策机制，具体的路径可见图3，该图具体表示了如何影响其贴现估值。

ESG风险机遇值对上市公司未来现金流的影响机制，主要是基于ESG相关政策出台的影响。行业平均发展水平是政策出台及调整的重要依据，ESG风险机遇价值是基于行业基准水平计算得出。因此，预期风险机遇价值的影响在政府短中期内的ESG政策制定过程中将会得以体现，对企业的现金流影响是可以明确预期的。若企业ESG风险机遇价值为正数，代表企业因为比行业平均的ESG绩效水平更高，未来有望创造更高的收入，或降低成

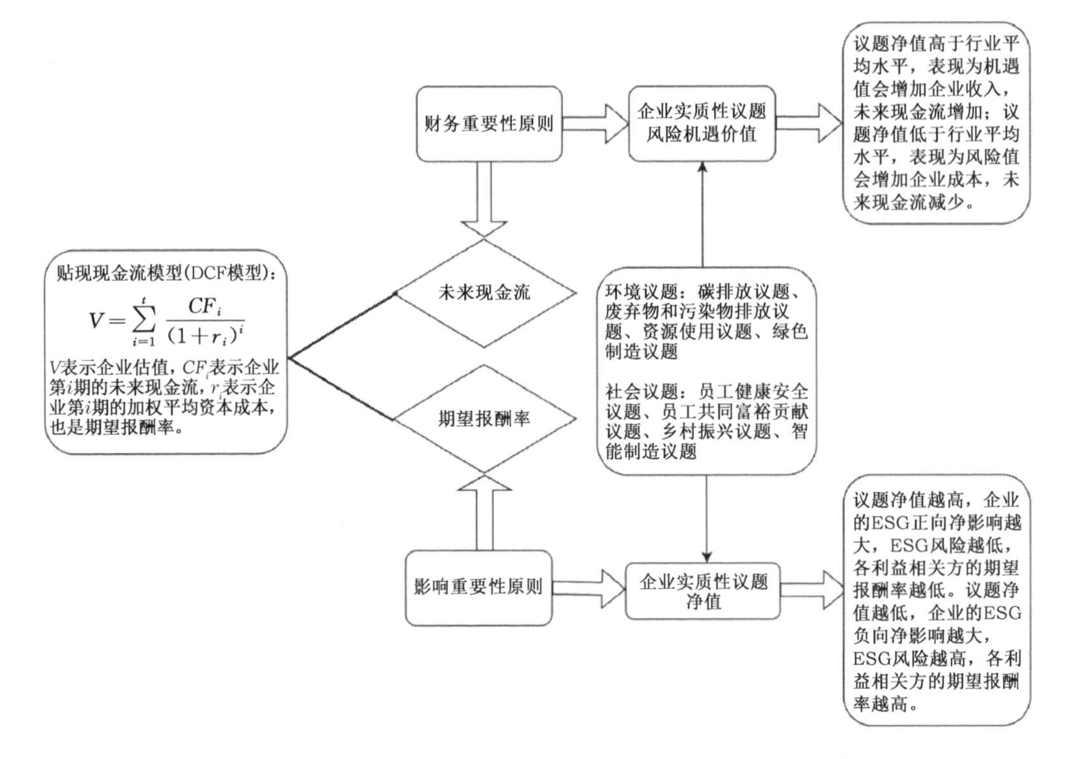

图3 ESG价值在企业估值中的应用：以现金流贴现模型为例①

本，对企业的未来现金流有正向影响；若企业ESG风险机遇价值为负数，代表企业因为比行业平均的ESG绩效水平低，未来面临收入缩减、成本提高等风险，对企业的未来现金流有负向影响。另外，ESG净价值对上市公司加权平均资本成本的影响机制，主要是基于利益相关方的期望与企业的可持续性总体影响，对企业未来的资本成本率将产生影响。

(四)可持续投资机制

第四个是可持续投资机制构建。以沪深300主指数为基准指数，使用每股ESG风险机遇价值代替市值，替换基准指数中的成分股权重，形成沪深300ESG风险机遇价值增强指数，其结果如图4所示。图4呈现的结果为，假设从2018年1月1日更换市值权重为ESG风险机遇价值权重，企业的最高累计收益率可超过122%。也就是说投资机构也可以用我们这套数据设计各种不同的指数，比如可以把比重调整为企业ESG净值，调整比重后就可以得到沪深300ESG净值增强指数。

此外，还可以设计女性性别平等增强指数等，很多投资组合都可以从我们的平台中获得。这些工作相对于我们目前的ESG评级来说有更强的灵活性，因为其颗粒度更细，且货

① 资料来源：《中国上市公司ESG价值核算报告2023》。

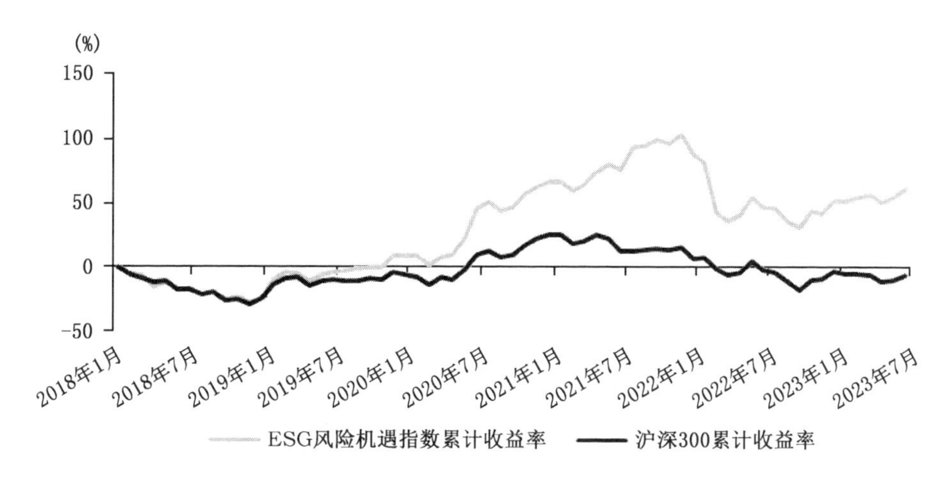

图4 沪深300指数与ESG风险机遇指数的累计收益率①

币化更加直观和方便，能够真正促进企业的ESG投资和可持续投资。无论是什么行业都可以使用这一工具，随时可以查询并与市场中的其他指数比较。

（五）可持续消费机制

第五个是可持续消费机制构建。这是什么概念呢？比如我们2008年到瑞典的时候，发现瑞典有一家快餐店在每一个汉堡包上标明排放了多少二氧化碳，可持续消费机制已初具形态。现在如果能计算出每一个产品的社会和环境价值，比如当消费者购买一袋牛奶时，除了获取牛奶的营养价值以外，还可以知道生产和消费这一袋牛奶能够为社会和环境带来多少正价值，或者多少负价值。这样，就能够让消费者都清楚各种产品的环境和社会价值如何。对于消费者而言，他们不仅购买了这个产品质量本身和功能本身，还购买了产品带来的社会和环境价值。虽然ESG价值核算信息还需要相当长的时间来发展和完善，才能逐步变成企业报表的一部分，但是领先的企业却因消费者和客户了解购买其产品和服务的社会影响的价值，从而影响他们的购买决策。因为可持续发展是每一个社会公民的责任。当消费者开始购买这些对环境和社会有正面价值（甚至这些价值可以量化）的产品时，其行为影响企业的微观决策、经济活动和行为模式等。相信在这以后，可持续发展的目标和美好愿景会离我们越来越近。

① 资料来源：《中国上市公司ESG价值核算报告2023》。

·第四篇·

价值投资

第十四讲　绿色金融政策系列研究[①]

李志青[②]

目前绿色金融学科尚未健全，虽然在经济学领域中有环境经济学，但在金融学领域中，尚未出现环境金融学或绿色金融学等相关课程。因此，建立一个关于绿色金融学、环境金融学或可持续金融学的学科体系，在我们面对的绿色发展和绿色金融科技发展方面将大有裨益。当今，我们所讨论的绿色金融政策和实践，一定程度上得益于这些年来理论的推动和构建以及科技的进步。本次讲座将围绕三个方面展开。首先，我们将介绍绿色金融的内涵和政策。其次，我们将阐述近年来进行的绿色金融政策研究工作。最后，我们正在思考如何在现有研究基础上推动绿色金融的再创新，这种再创新与当前整个绿色金融发展形势密切相关。

一、绿色金融的内涵与政策

在双碳发展目标提出之后，中央和地方出台了许多相关文件。绿色发展最大的模糊点在于，“绿色”的定义并不清晰。然而，在双碳发展时，我们可以将碳减排量化，形成一些指标，将其作为我们发展的重要目标。在 2020 年之前，我们提出了很多关于绿色发展的目标，如低碳发展和绿色发展，但这些目标推动力不足。在 2020 年 9 月之后，我们提出了一个可量化、可计算的目标，即在 2030 年前实现碳达峰，在 2060 年前实现碳中和。达峰是指峰值，中和是指实现清零或净零排放。这两个指标的提出背后有很多研究，例如“我们面临什么样的挑战?”“气候变化如何应对这些需要?”等。除此之外，提出这两个目标很重要的原因是，到目前为止，在技术上我们可以清晰地测算出从企业层面，包括大型和中小型企业，一直到消费者层面的所有排放数量，这在某种程度上颠覆了传统经济学教科书中的环境外部性问题。所有环境外部性研究的主要目标，在于解决我们在行为决策过程中无法解决的外部溢出，包括负面效应和正面效应。这些无法解决的问题主要是因为我们不知道排放会流到哪里，排放量有多大，产生的后果是什么。以前，我们把这些不清楚的问题全部归结为外

---

① 本文为 2023 年 4 月 27 日上海财经大学富国 ESG 系列讲座第 4 期讲座内容，由高琦整理成文。

② 复旦大学经济学院副教授、环境经济研究中心主任。

部性问题。但是,随着科技的发展,无论是有“颜色”还是没有“颜色”的排放,有毒还是无毒的排放,现在我们都能够清晰地测算。因此,科技的进步在一定程度上可能会重新改写外部性的定义,有许多外部性将彻底消失,因为我们已经算出了谁排放了多少,危害是什么,影响是什么,所以它们都可以实现内部化。

随着测算、识别和核算技术的不断演进,我们现在可以明确提出,碳达峰目标将在2030年前实现,碳中和目标将在2060年前实现。但最终目标的实现,仍需要将目标责任细化到每个地区、每个企业。在全球范围内,借助科技和数字经济的推动,我们已经将双碳发展目标细化到个体层面,使目标具有极强的可行性。许多文件提出了实现双碳目标的方法,如“1+N”文件,都是非常可行的。但前提是,要做到减排责任的细分。

每个企业要想减排,都需要大量投入,这些投入的数量是天文数字。例如,碳中和目标中有一个最具体的能源指标是到2060年前,包括风能、光能、水能和核能在内的非化石能源、可再生能源的占比要达到80%以上。为了达到这个目标,必须用这些能源替代现有的传统煤、石油和天然气等能源,这需要大量的投资。除此之外,现在每个人的出行方式也需要转换,需要将燃油车替换为电动车,这个转换过程同样需要大量的投入和成本。

如果我们将整个国家目标分解到每个个体,计算实现这个目标需要的成本,结果将是非常高昂的。之前的一些研究已经计算出了这些成本,包括官方的中国人民银行、民间和大学的研究,以及由复旦陈诗一教授领导的团队进行的研究。中国金融学会绿色金融专业委员会课题组是中国绿色金融最主要的组织机构和协调机构,它发布了一份名为《碳中和愿景下的绿色金融路线图研究》的报告,该报告基于国家发展和改革委员会2019年发布的《绿色产业指导目录》(这个目录现在正在更新,2023年的意见征求稿覆盖了200多个绿色产业领域)进行了测算,测算结果表明总共需要487万亿元的投资才能满足双碳发展的需要。相比之下,十几年前,2008年金融危机时,中国推出了一个4万亿元的经济刺激计划来拉动经济。现如今,单单绿色低碳领域,每年就需要十几万亿元的投资,才能满足实现碳达峰、碳中和的发展需要,显然我们面临严重的资金缺口。

为了解决资金缺口问题,我们已经出台了许多政策并进行了大量研究。但是资金缺口的解决是一个大难题,这需要我们回答一些问题。传统金融、投资和其他金融投融资行为的依据是什么?它们都是建立在经济学原理之上的。经济学需要解决效率和公平发展这两个难题。效率问题是经济学的核心问题,如果某个地方是有效率的,就会有投资回报,按照金融学理论,资本就会愿意进入。然而,随着时间的推移,我们发现在金融投资过程中需要考虑公平问题和企业社会责任,这也是传统研究所涉及的,但整个经济学教科书对这方面的重视还不够。

最近,我在翻译2018年诺贝尔经济学奖得主诺德豪斯教授的最新著作《绿色经济学》,作者在其中将经济学的核心问题归纳为三大问题:效率、公平和外部性。整本书探讨了外部性的概念、定义和解决方法。现如今,外部性已成为整个经济发展过程中必须面对的第三个重要问题，其与效率问题是否等同也备受关注。从效率的角度来看，最有效的结果是个体利益与个体成本相匹配。然而，在全球气候变化的背景下，没有任何一个企业是绝对有效率的，因为其每一个行为都会对全球气候变化产生影响，而这些影响并没有计入其成本。传统经济学在考虑外部性时，效率也是内部化的一种，只关注内部个体的利益、收益、成本、代价的比较，对外部性问题并不关注。但随着外部性从局部演变为全球问题，已在一定程度上改变着各国在发展过程中的效率和公平。

什么是公平？我们通常认为，收入分配应该是公平的，但实际上很多政策都是累退性的。以汽油税为例，征收汽油税的初衷是为了保护环境，但由于处理或设置不当，穷人交的税最多，而受益的却是富人。这是因为政策效果是累退而不是累进的，主要是因为没有考虑外部性问题。现如今，绿色金融所要解决的是资金供求平衡和短缺的问题，实质上是解决经济学里的三大难题：效率、公平和外部性。一般来说，这也可以称为一个新的不可能三角，因为传统金融想要同时解决三大问题非常困难，尤其是外部性问题。这是因为对于金融资金的定义主要是按照效率为主，兼顾公平，所有资金和资本市场的运作都是按照这个定义进行的。虽然前面考虑的是效率，而后面资本所得税考虑的是公平问题，但它们不会同时兼顾绿色和非绿色的问题。这种情况的原因是多重的，包括理论上的问题和技术上的客观原因，因为在无法进行闭环的测算和识别这些外部性因素的情况下，金融机制就无能为力了。

2016 年的 G20 在杭州举行，该会议每两年举办一次，全球 20 个经济体量最大的国家参与。当年的会议将绿色金融纳入其中。随后，中英两国联合成立了绿色金融工作小组，中方主任为马骏博士，英方主任为苏格兰银行的高级顾问迈克尔・莎伦（Michael Sharon）先生。该小组提出的第一大挑战是环境外部性内部化，这是金融界所面临的挑战，也是金融界无法独立解决的问题。绿色金融的目的就是解决这一问题。

为了解决这个问题，我列了几个定义。尽管绿色金融在中国的研究可以追溯到很久以前，有文章称在 20 世纪八九十年代，使用节能资金就算是绿色金融，但这种定义并不是纯粹的绿色金融，而是带有财政属性。现在，绿色金融最权威的定义和内涵来自 2016 年中国人民银行七部委发布的《关于构建绿色金融体系的指导意见》。尽管这份指导意见的定义现在看起来有些欠缺，但在当时是具有预见性的。该文件指出，任何支持环境改善、应对气候变化和资源节约高效利用的经济活动，以及环保、节能和清洁能源项目的投融资和运营所提供的金融服务都可以被认为是绿色金融。这意味着，以前的金融服务可能也在从事这些方面的工作，但由于没有被定义为绿色金融，因此政策上也没有专门的支持。现在有了明确的定义，就可以开始考虑对这些资金进行精准的配置和发放配额。同时，我们还可以帮助这些资金降低成本，因为这些资金支持社会的发展，例如解决环境、气候变化和资源问题，具有很强的外部性。这个定义与之前提到的解决环境外部性内部化的问题是完全一致的，因为这个文件和绿色金融报告都是由马骏参与起草的，两者只是以不同的方式表述了同样的观点。

该定义在当时是相当重要的，因为它首次给出了绿色金融的定义，并将传统金融中的银行、保险、证券、基金和债券等工具纳入其中，从而为中央金融监管部门的决策提供了依据。尽管现在看来该定义可能存在一些问题。从2021年开始，中国人民银行根据这个定义设计了一套专门考核绿色金融发展程度的指标体系。每个银行都非常紧张，因为这个东西是要量化的，涉及做了多少绿色信贷、发放了多少贷款，这些都会在年终考核中体现出来。这听起来很不错，但问题在于，如果机构通过努力支持非绿色部门的绿色发展，但它们并不在这个定义的范围内，那么这些努力就无法在考核中体现。例如，支持煤炭清洁化是否也算在其中？煤炭当然不可能算是清洁能源，但是煤炭清洁化利用也能够给我们带来环境效益。许多银行在这方面存在分歧，一方面要支持清洁能源，另一方面煤炭、钢铁等传统产业也很重要，而且支持这些产业的占比数据可能超出人们的想象。

在G20绿色金融综合报告中，提到只要能够产生环境效益以支持可持续发展的投融资活动，就属于绿色金融。这个补充定义非常出色，因为它能够解决金融机构决策分裂的问题。对于金融机构而言，投资新的绿色项目是有正面效应的，但因绿色原则而被否决的项目，却无法在整个政策体系中得到体现。例如，银行否决了一个污染严重的化工项目，存在正的环境效益，但在目前的绿色金融框架中，这种行为无法得到鼓励。因此，我们需要对绿色金融加入第三个定义，这在2021年由诺德豪斯撰写的《绿色经济学》一书中得到很好的诠释。他提出，应将环境、社会和治理等因素纳入金融投资决策。这种纳入的考虑可以增加或减少投资，无论是加法还是减法，都是绿色金融。如果将这些内涵和定义贯穿到政策体系中，我们的绿色发展将事半功倍。

随后相继推出了很多具体的绿色金融政策，包括2012年发布的《绿色信贷指引》以及2016年推出的一系列指导意见。这些政策明确指出，应支持绿色信贷、债券、股票等领域的发展，旨在鼓励社会资本更多投向绿色产业，阻止污染性投资。2017年6月12日，中国推出了绿色金融改革创新试验区，第一批试验区包括五省八市，后来又增加了甘肃、重庆等地。绿色金融改革创新试验区的意义在于，将中央提出的绿色信贷、绿色金融等政策具体化到某些地区，进行试点和探索。例如，在湖州、衢州等地，企业被分成三六九等，银行也被分为绿色信贷做得好和不好两类，年终进行考核。根据企业的等级和项目的绿色程度，将企业分为十个类别，分别对应企业绿、项目绿和流动资金三个层次。不同等级的企业融资成本也不同，其中有些资金成本的降低是因为中国人民银行原本提供的资金成本较低，例如碳减排支持和再贷款工具，另一些则是由银行和地方政府的财政补贴提供的。这些具体的工具可以促进资金向绿色产业、企业、项目和技术倾斜。

基于绿色金融政策的要求，无论是强制、非强制还是半强制，全国各地的绿色信贷、绿色保险、绿色债券和绿色基金都在不断发展，并且从2018年到2022年逐渐增加（见图1）。根据中国人民银行发布的最新数据，截至2022年，绿色信贷余额占总贷款余额的比例首次突破10%。从政策效果来看,绿色信贷已经严格按照2016年的指导意见以及2017年出台的绿色金融统计口径测算。根据这个测算,中国人民银行和原银保监会都出台了统计口径,发改委出台了《绿色产业指导目录》。尽管根据中国人民银行口径和原银保监会口径的测算结果有所不同,但最后公布的结果均为22万亿元,反映了过去六七年绿色金融改革的成效。然而,尽管相较于过去6%、7%的占比,现在已经增长到10%,但仍然不够高。因为绿色发展和双碳发展已经达到了政策高度和战略高度,而绿色在整个金融部门中的占比才到10%。该统计口径经过了许多调研,是非常宽的口径,已经将可包括的所有项目都考虑在内。这涉及最后的业绩考核问题,如果再更加严格一点,可能会更小。因此,10%的占比仍有待提高。

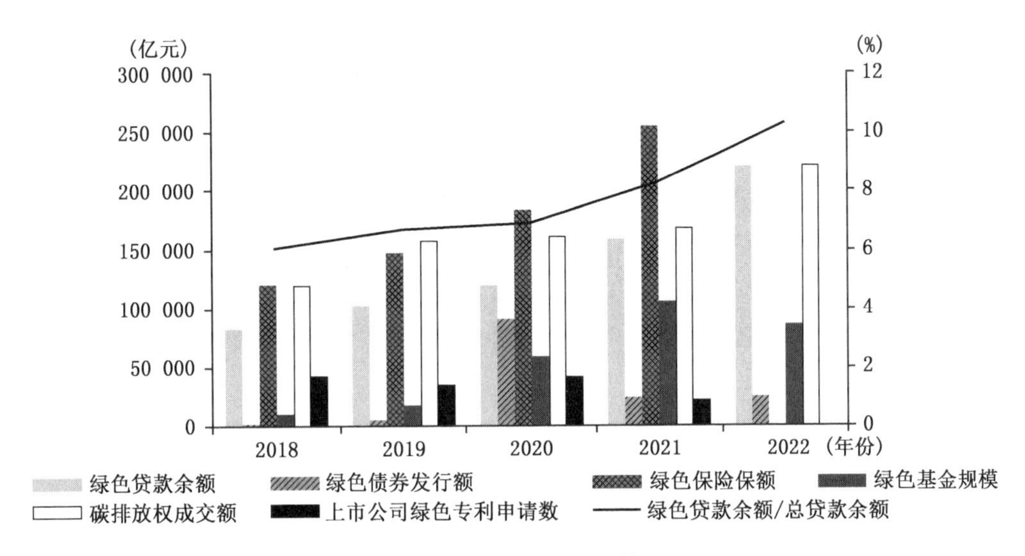

图1　我国绿色金融发展情况

二、绿色金融政策的效应分析

近年来,许多研究人员对绿色金融政策效果做了定量研究,比如,复旦大学经济学院樊海潮教授发表了一篇名为"Green Through Finance?"的文章,对减排和未减排企业进行了分析,发现绿色信贷政策使银行提高了对未减排企业的贷款利率。值得注意的是,2012年的绿色信贷政策与2016年的政策有所不同,前者并没有真正落实到统计口径,而2016年9月的文件要求中国人民银行等部门开展统计口径的政策制定,几家试点单位接到了统计口径,因此真正有统计口径的绿色信贷政策始于2017年12月。尽管2012年的政策没有这方面的统计要求,但它也产生了相应的效果。樊海潮教授做了很好的研究,他的研究结果表明,绿色信贷政策对企业有不同的影响,但总体上提高了企业的绿色水平。

我们也专门对绿金改革创新试验区政策进行了研究,探究2016年的创新改革试验区政策对企业和地区的污染有什么影响。这个政策是一种环境规制,相当于规制水平发生变化,然而不同于传统研究的标准,这个政策是一种金融的手段和工具。

(一)绿色信贷"惩罚"污染企业了吗?

这项研究旨在探讨绿色信贷政策是否对污染型企业产生了惩罚效应,以2012年政策为例进行设计,综合衡量企业价值和债务成本。总的结果表明,绿色信贷较多的企业,在企业价值各方面有正向的提升,债务成本各方面有相对的下降,绿色信贷的资金成本比较低。

我们做了一些研究后发现,在《绿色信贷指引》正式实施后,重污染上市企业比非重污染上市企业的企业价值显著下降。重污染上市企业的信贷融资与非重污染上市企业相比,面临着更高的融资成本。国有重污染企业价值受政策抑制净效应非常显著。国有重污染企业的信贷融资受到了绿色信贷政策影响,其债务成本显著增加。绿色信贷政策通过信贷资源配置而产生的融资惩罚效应仅对国有重污染上市企业具有显著影响,而对非国有重污染企业却没有显著作用。大型重污染企业价值受政策抑制净效应非常显著,远高于小型重污染企业所受影响。大型重污染企业的债务成本受到绿色信贷政策的影响更大。绿色信贷政策通过信贷资源配置而产生的融资惩罚效应对大型重污染上市企业的影响更大。政策对企业价值的抑制效应相对明显,而对债务成本的影响则随时间推移而减小。绿色信贷政策可能在企业价值研究中产生了一定的效应,短期弹性比较大,长期弹性削弱了。通过这项研究可以看出,绿色信贷政策具有很强的抑制性,但这也意味着它对一些企业有用,对另一些则没有用。

(二)上市公司ESG表现与财务绩效

还有一项研究关注上市公司的环境、社会、治理(ESG)表现与财务绩效之间的关系。通常认为,ESG表现好的公司财务表现和绩效也会优秀,然而我们的研究结果表明,ESG投入可能会导致短期利润流失,而这种投入并未在当期转化为财务指标优势。实际上,ESG投入与财务绩效之间存在反向关系。即使ESG表现优秀,也不能在短期内获得强烈的市场认可和回报。那么ESG表现优劣意味着什么呢?我们曾经研究过另一个与此相关的话题,即企业环境信息披露的问题。自2012年以来,我们专门对400多家污染特别密集的企业进行评估,给每个企业的环境信息披露水平打分。结果发现,表现最好的企业都属于最严重污染的行业,污染规模最大的行业反而是环境信息披露做得最好的。对于这些企业,它们本身面临着巨大的正式和非正式压力,因此会更加努力地表现出良好的环保形象。

目前ESG仍存在另外一个类似的现象,即ESG报告通常只提供好的信息而难以发现负面新闻。如果一个企业的ESG表现优秀,则意味着其在进行短期投入,而这可能是因为企业本身是污染型企业,拥有环保责任。

(三)绿色信贷与企业环境社会责任

绿色信贷的推广不仅促进了绿色产业的发展,而且对高污染产业也产生了积极的影响,使得即使是高污染企业,它们的环境、社会和治理(ESG)评级也有所提升。监管部门通过鼓励绿色行为，促使高污染企业更好地承担社会责任。然而，由于企业规模异质性，绿色信贷对大型企业的影响更为明显，对小企业的约束则更为严格。尽管政策对小企业更为严格，但小企业缺乏自我改变的能力，因此其实际的企业行为并未得到真正的改善。

三、绿色金融的政策“再创新”

经过这些研究，我们深入思考绿色金融政策的创新问题。尽管我们已经实施了多项绿色金融政策，如绿色信贷和绿色保险，但是绿色资产仅占总资产的10%，这仍然是一个非常值得关注的问题。如果用二分法来看，那么绿色资产仅占了10%，尽管剩下的90%并不是完全非绿的，但是有70%～80%的信贷资产确实是非绿色的，我们有理由相信，银行在考核机制中会计算所有可以计算的资产。虽然可能会有一些扣除，但非绿色信贷资产几乎占据了国民经济总资产的70%～80%，这个比例相当于总资产的比例，因此可以确定绝大部分资产是非绿色的。

绿色金融政策的目的是促进经济社会全面绿色低碳发展，以实现“双碳”和美丽中国建设目标。尽管对于表现良好的绿色企业而言，绿色金融政策起到了积极的支持作用，但对于其他企业而言，现有的研究大多关注政策通过哪种传导机制促进它们创新和提升品牌声誉，而非采用直接的成本或约束机制。然而，在时间、规模和产权性质等方面的研究仍存在不足之处。因此，在更加广义的统计口径上，仍有七到八成企业难以实现绿色发展。

最后，实现绿色发展目标的意义是什么呢？在初步研究和思考后，我们需要重新定义绿色金融。就资产而言，现有的绿色资产只有在符合中国人民银行2016年《指导意见》的前提下，才算作为改善环境、应对气候变化以及纯绿产业部门提供金融服务。如果银行服务于煤炭企业，即使帮助煤炭企业进行清洁、减排和将CCUS技术纳入绿色产业目录等方式，也无法被视为绿色资产。这导致支持减排成本和支持非绿色企业减排成本的资金被区别对待。因此，我们需要提出一个新的绿色金融定义，以打通绿色和非绿色部分。在我的报告和各地的调研中，我一直反对将企业分类，这虽然便于管理，但会导致只有10%的绿色部分获得支持，而放弃了90%的非绿色部分，这是不可取的。所谓“放弃”并不是指通常意义下经济高质量发展自身存在金融支持的问题，而是指在绿色意义下的“放弃”。只要我们能够产生生态环境改善的效应，无论是增量的绿色资产还是存量的灰色转型资产，都可以实现。现在国家和上海都提出了要推进转型金融目录的问题，已经认识到这个问题的重要性，我们也应该将10%的绿色资产支持和90%的非绿色资产支持统一起来，不要割裂开来。但目前看来，对绿色金融的定义仍然存在问题。我们能否将绿色部分改为绿色资产呢？例如，宝武集团并非所有的生产、技术、工艺都是污染性很大的，还有一些是相对比较绿的。站在这个时代来看，相对于其他工艺，这些工艺是否更为绿色？只要能够改善整个污染属性和排放属性，就能变得更好，并且能够获得与清洁资产相同的效应。

这些资产可以分为三类。第一类是“零排类”，即天然的绿色资产，例如零排放资产、可再生能源、碳汇、生态产品、生物多样性和气候适应等。第二类是"减排类",它们需要通过努力使非绿色资产逐渐转变为绿色资产。这些资产应该对应于信贷90%的部分,是需要政策引导的。有些非绿资产必须被淘汰掉,关键在于政策引导让这90%能够逐渐向中间过渡,最终达到10%的位置。第三类是关于排放权益和环境权益的"排放类"资产。这类资产是微妙的,因为它本身并不存在。它是由产权定理而来的,只是一个定义出来的产权。它曾经毫无价值,但随着全球对气候变化的关注,环境权益类资产成为唯一一类可以转变为资产的负资产。排放权是一种负资产,具有负面的资产属性。现如今,这种资产的规模越来越大,因此我认为这也属于绿色资产类别,而且现在它已经被包括上海绿色金融立法在内的一些文件承认,环境权益的担保和融资问题也已被纳入其中,只是目前仍存在许多未解决的问题,例如资产所有权问题。类似蚂蚁森林这样的手机应用程序,通过步行获取积分,但积分所有权尚未解决,导致无法跨平台兑换商品。对于大量分散的中小微和个体排放、减排形成的环境权益的资产问题和所有权问题仍未解决。一旦解决,环境权益就将像欧盟一样,形成可观的交易量,进而进入抵押品行业,形成金融属性。现实中,环境权益被作为抵押品的问题一直存在争议,尽管上海市立法进行了大量的理论探索,但有很多权威专家反对将环境权益作为抵押品。

从经济学视角出发,今天讲的是绿色和碳的问题。我想引用马克思主义生态经济学的理论框架,该框架由我们学院张薰华教授提出,从政治法律开始,到要素所有关系,到生产资料、劳动力,一直到天、地、人等各要素之间紧密相连的相互作用和反作用关系。这个框架不分绿色和非绿色,而是强调和谐与协同的问题。我们强调人与自然和谐共生,这本质上是协同问题。如果生产力和生产关系之间出现矛盾,我们需要动态地调整,以解决环境、人口和资源问题。因此,我们需要通过整个政治法律顶层的设计,将整个社会经济调整到满足减排需求的状态,而不是将其分为绿色或非绿色。

从整个绿色社会发展的趋势来看,传统社会需要将"法律、市场、外部性克服、公平、正义"投射到绿色发展过程中,由此形成人与自然的法律关系。这套体系由诺德豪斯提出,与马克思讲的政治法律意识形态问题、生产资料、环境属性和要素的问题在一定程度上相吻合。这里基本讲法律架构问题、市场行为问题、解决外部性问题,最后是要实现环境公平正义的问题,环境公平正义一定程度上也是顶层设计的问题。我们希望通过这样一种理论为刚才所讲的协同绿和非绿的关系提供理论依据。实证分析只是引出问题、提出问题并与现象的表现高度一致,但不能解决问题。因此,我们需要从一些相对理论性的原则中寻找答案。

绿色资产与一般资产的区别在于其对环境、气候和资源利用的影响。只有搞清楚其来源、产生过程、交易和分配等问题,才能设计出一套新的国家层面乃至全球层面的体系。因此,必须从一开始就把它从哪里来,到最后利益分配这个闭环问题全部研究清楚,否则最后可能会发现中途出现了困难,无法继续前进。

特别是在分配问题方面，ESG 提出了一个无悔原则。这个原则里面既考虑了一次分配的效率问题，又考虑到二次分配过程中的公平问题。在 ESG 评估企业价值的准则中，通过图 2 可以看到，将整个企业面临的价值分成个体福利和社会福利两条线，X 点是按照个体福利来讲的最优点，而 Z 点则是按照社会福利来讲的最优点。但是，这两个点在现实中是无法兼顾的，第一点能做到，但是对社会不利，第二个点对社会有利但是做不到。传统教科书里面只是表明，通过产权交易，可以让整个外部性得到解决，但是实际上 Z 点是达不到的。现在，我们可以实现的是 Y 点，即将社会价值福利置于中间，个人需要放弃一点自己的收益或福利，以满足社会福利更大化，这就是 ESG 的无悔原则。ESG 告诉我们，未来的分配方式不是只考虑个体或社会福利的最大化，而是要寻求一个平衡点。企业在短期内需要牺牲自己的利益来满足社会利益更大化，这也是合规性要求背后的经济学原理所在。如果合规性要求让你放弃、牺牲自己的利益以满足社会利益，这种合规性要求可能也走不远。

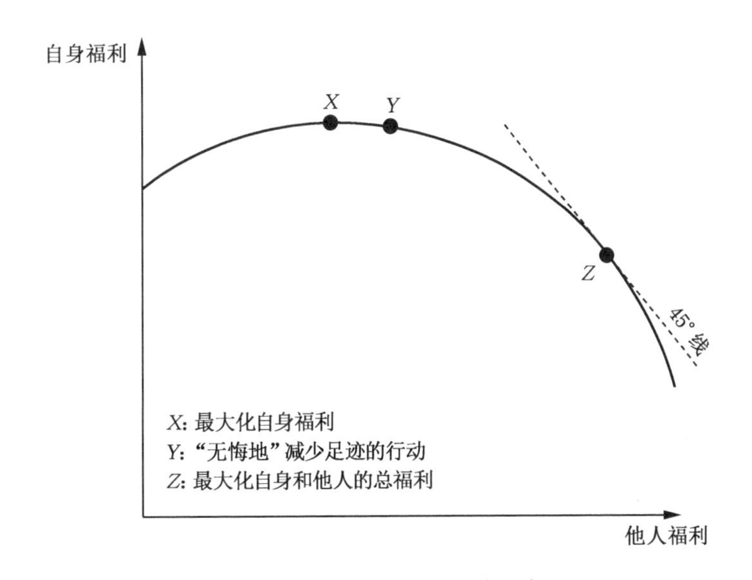

图 2　减少环境影响的三种可能

在考虑合规性要求时，需要考虑实际的可行性和可能性。为了保护环境和承担社会责任，个人需要在一定程度上放弃自身的利益。例如，一个月收入 1 万元的人捐赠 100 元对他来说可能微不足道，但对整个社会却具有重要的意义。ESG 的原则是基于积少成多的理念。随着越来越多的研究证明 ESG 的有效性，它将成为企业提高价值和获得各种好处的重要途径，但是 ESG 不能成为一本万利的投资策略。企业可以获得其他好处，如良好声誉等，但这些好处不能成为我们制定绿色资产框架和制度的出发点。我们必须明确 ESG 的本质，以实现个人和社会的共赢。

在这个基础上，我们可以更好地理解只有 10％做纯绿色项目，某种程度上一定是个人利益和社会利益统一的体现。对于剩下的 90％，它们的排放量都很高，很难做到个人利益和社会利益的统一。如果要求减排，那一定会让它们付出很大代价和成本。当然，它们可以承担这些代价和成本，但前提是不能过于激进。这些绿色产品可以称为可持续资产，但不能让灰色产业受到太大的打击，否则政策无法推进。这需要一个分配机制，让企业从高排放逐渐转向中高排放，再到中排放，最后到低排放，实现一个逐渐演进的过程。只有这样，整个社会的绿色发展才能最终成型。

围绕这个话题我们做了一些案例研究，主要关注云南、浙江和安徽的一些企业和金融机构。尽管生产化妆品的企业不能被归为绿色产业，但它们使用了一些植物基因和动植物的资源，我们认为这实际上是平衡个人、企业和社会价值的过程，既要利用资源，也要保护资源。一些企业已经形成了一个闭环，从资产形态到最终效益产生，再回过头来保护资源。有些企业已经自己摸索出这个过程，但有些是政府推动的。现在，社会鼓励 ESG，这是很好的推动，让每个企业感到这是大势所趋，国家和社会都需要它，物质奖励就不再那么重要了。保护生物多样性、开发林业碳汇资产以及推出碳汇金融产品都属于绿色发展的一部分。我们观察到一些企业如药企、化妆品企业以及海螺水泥这样的制造业企业正在进行很多实践。未来，我们需要形成统一的政策导向来引领这些实践，并给予精神和物质上的双重鼓励。

最后，为实现统一绿色和非绿色两大部分以及高污染和低污染的协同发展，必须进行绿色金融体系的创新。该创新可分为十大板块，包括绿色金融、转型金融、ESG 金融、碳金融、气候金融、生态金融、生物多样性金融、绿色保险、供应链金融和绿色金融科技。其中，转型金融是核心，也是今天讲述的最相关部分。现在，我们已经开始制定转型金融目录。绿色金融目录可根据产业清单制定，即仅支持绿色产业的企业和工艺。然而，该原则明显不可取，因为它意味着无论是高排放技术还是低排放技术，所有技术都可以获得支持，这其中鱼龙混杂。对于转型高碳的资产，如高环境影响的传统产业，支持原则必须调整，否则会反向激励高污染、高排放的技术工艺。

为了建设绿色资产体系，下一步的工作是研究转型金融目录中的技术、工艺和产品目录。虽然发改委的 2019 版《绿色产业指导目录》已经细分了 200 多个产业，但将细分产业划分到钢铁行业和化工领域中需要考虑数千种工艺，而确定它们的绿色属性和排放属性非常困难。金融机构不了解这些技术，而懂技术和排放属性的人也不清楚金融的边界。如果边界过于宽泛，将会引发新的资源配置问题。因此，制定转型金融目录至关重要。能否成功制定目录将决定能否建立绿色资产体系。如果无法成功制定目录，灰色和棕色资产的支持问题也将无法解决。

通过重新构建和创新绿色金融的政策体系和市场体系，我们可以更好地解决当前研究发现的问题。我们需要合理设置每个板块，以便更好地解决绿色金融支持政策存在的如产业之间、时间和空间的割裂问题。

第十五讲　ESG 评级在投资中的应用[①]

蔡卡尔[②]

目前 ESG 评级在实践中遇到了什么问题？如果想要搭建 ESG 评级体系需要做什么工作？ESG 在投资中真正落地的实践成果有什么？本次讲座内容将针对以上三个问题进行解答，并希望对开展 ESG 相关研究提供帮助和支持。

一、ESG 评级在实践中遇到的问题

目前 ESG 评级在应用中面临的最大问题就是各家评级机构给同一家公司的评级结果存在很大分歧。很多人提到 ESG 评级，喜欢与信用评级对标，但 ESG 评级和信用评级还是有很大不同的。首先从度量目标来说，大家目前对信用评级的作用有一个一致性的判断，基本上认为信用评级是用来度量公司违约风险的，比如一家公司的债券价格在某种意义上就反映了公司的信用评级结果。但目前就 ESG 评级来看，它的度量目标仍存在多种解释，特别是"S"和"G"。什么样的行为算符合社会的准则？或者说怎样的公司治理才是好的公司治理？各个国家和各个机构之间的标准有很大的差异。这就是两类评级之间的差异。

其次是从信息披露看，目前现有的一些信用评级的打分依据更多依赖于公开标准的财务信息。而 ESG 评级目前国内外均没有一个统一的标准，所以企业在披露内容上有一定随意性。大家可以从 ESG 评级报告中发现，企业披露信息的自主性是非常强的，那么假设当我有一个好的 ESG 框架时，如何从中获得客观量化的指标，其实并没有可靠的数据来源。因此，最终造成的结果就是各家 ESG 评级结果分歧很大，后面我也会通过两个实证结果向大家说明。而在信用评级上，目前各家的信用评级结果一致性较强。

再次是付费模式。目前愿意为 ESG 埋单的公司，更多的是使用方，就像我们这样的基金公司和投资机构等。但是信用评级的实际付费方是被评级的公司，所以可能会在信用评

---

① 本文为 2023 年 12 月 12 日上海财经大学富国 ESG 系列讲座第 22 期讲座内容，由池雨乐整理成文。

② 富国基金量化投资部量化投资总监、基金经理；目前在管基金数量 12 只，包括富国港股通互联网 ETF、富国大数据 ETF、富国中证医药指数增强等，管理规模约 180 亿元。

级的使用上存在所谓的评级选购，即公司可能会愿意给那些对自己评级更高的评级机构付费。目前 ESG 评级暂时不存在这样的问题。但是它的评级结果分歧很大，可能也造成了二级市场在使用 ESG 评级时遇到以下几个问题。

第一，大家非常关注股价是否能够反映 ESG 评级？通常我们说一家公司的 ESG 评级上调，希望看到的是它的股价也有所表现。但目前从实证结果来看这方面的作用很弱，这里最重要的一点就是各家的评级结果差别很大，市场很难给到共识的意见，所以分散的评级结果在某种意义上降低了这种作用。第二，从投资决策上说，哪些公司或投资组合确实具有良好的 ESG 表现也很难判断。第三，从公司治理来看，公司提升 ESG 表现的动力不足，比如 CEO 薪酬较难与公司 ESG 表现挂钩，企业只需要呈现那些给自己评级更高的评级结果就可以了。第四，从学术研究的实证结果来看，可以发现现有学术研究应用的是各大机构的评级结果，最终得出的研究结果差异也非常大。这就是 ESG 评级在实践当中遇到的问题。

(一)ESG 评级的分歧

我向大家介绍一篇论文，这篇论文是我认为在 ESG 评级方面写得非常好的论文。它实际上研究的问题是 ESG 评级到底有没有分歧？不同机构对同一家公司的 ESG 评级差异有多大？这些差异主要是来自哪些方面？

这篇论文里用到了相对来说在全球比较著名的六家 ESG 评级机构，分别是 MSCI、Sustainalytics、RobecoSAM、Vigeo Eiris、Asset4、KLD。实证结果主要基于 2014 年的数据，并用 2017 年的数据做了稳健性检验，结果基本上比较一致。这六家机构在全球范围内共有 ESG 打分的企业 924 家。

不同评级机构的 ESG 打分相关性如表 1 所示。表 1 第一列说的是 KLD 和 Sustainalytics 这两家评级机构的 ESG 评分相关性。首先能看到，评级机构间两两对比后的 ESG 最终相关性也就是 0.54，相对来说比较弱。同时关注三个细分维度(即环境、社会和治理)，平均而言公司治理的相关性最低，只有 0.3，其次是社会(相关系数为 0.42)，最后是环境(相关系数为 0.53)。这可以回应前面讲到的，总体而言 ESG 目前在环境上的共识性最强，至少在气候问题上，全球还是有一个一致性的认知，比如说二氧化碳的排放、碳足迹等，以及如何衡量企业在环境方面的表现。但是在社会方面，比如说人权到底是不是一个问题，隐私保护到底是不是问题，食品安全到底有多大的影响等，其实各家评级机构的价值观判断不太一样。治理方面也是如此，比如大家经常诟病 MSCI 给很多中国企业的 ESG 评分较低，因为他们认为国有企业的股权结构和企业性质并不是好的公司治理结果。每家机构在这方面都有一定的前提标准，且这个标准并不相同，目前来看治理上的分歧是非常大的。

表 1　　ESG 评级的相关性

使用同样样本，研究了总体评级水平(ESG)与环境维度(E)、社会维度(S)和治理维度(G)之间的相关性。使用基于完整样本的成对共同样本得出的结果相似。SA、RS、VI、A4、KL和MS分别是Sustainalytics、RobecoSAM、Vigeo Eiris、Asset4、KLD和MSCI的缩写。

	KL SA	KL VI	KL RS	KL A4	KL MS	SA VI	SA RS	SA A4	SA MS	VI RS	VI A4	VI MS	RS A4	RS MS	A4 MS	Average
ESG	0.53	0.49	0.44	0.42	0.53	0.71	0.67	0.67	0.46	0.7	0.69	0.42	0.62	0.38	0.38	0.54
E	0.59	0.55	0.54	0.54	0.37	0.68	0.66	0.64	0.37	0.73	0.66	0.35	0.7	0.29	0.23	0.53
S	0.31	0.33	0.21	0.22	0.41	0.58	0.55	0.55	0.27	0.68	0.66	0.28	0.65	0.26	0.27	0.42
G	0.02	0.01	-0.01	-0.05	0.16	0.54	0.51	0.49	0.16	0.76	0.76	0.14	0.79	0.11	0.07	0.30

这个分歧会造成何种结果？首先是机构之间的 ESG 评分大概率是正相关，即在这个评级机构下打出来的分数是比较高的，那么在其他评级机构下打出来的分数平均而言也相对较高，这一点没有问题，整体相关系数为 0.54，也是一个正值。

但可能会出现的问题是，一家公司对于评级机构 A 来说是属于 top10 的公司，但是对评级机构 B 来说反而变成最差的 10%，这会导致大家在使用数据时产生很大困惑，公司的 ESG 得分到底是好还是不好，投资者无从而知。另外，我们将刚才提到的 900 多家公司分成了五组，每组大概 184 家，可以发现同时属于六家评级机构中的前 20%的重合企业只有 15 家公司，同时出现在评分最低的 20%组别中的企业有二十多家。这再次说明了大家认知里面比较好的 ESG 评级的公司，或者是比较差的 ESG 评级的公司，实际上并不一致。

在实践中，现在很多使用 ESG 评级指数的，无外乎通过两种方式决策：一是不要投那些 ESG 表现很差的企业，把尾部公司剔除，但是可以发现这六家评级机构的结果基本不一样，180 多家企业中才重叠 20 家企业；二是挑选那些 ESG 得分比较高的头部公司，但这类公司的重叠度也非常差。因此，不同评级机构的评级结果完全不同，是在投资中遇到的最大问题。

这篇论文用的是 2014 年的海外数据。我同时也查了一下目前在国内 A 股中是否也有类似的现象。目前大概有七家评级机构对 A 股企业的 ESG 评分做出判断。首先计算了不同评级机构对企业 ESG 评分的相关性，可以发现这一相关性甚至比刚才看到的还低，尤其像社会价值投资联盟的相关性，它可能跟海外机构打出的 ESG 评分基本上没有相关性。这说明 A 股企业也面临严重的 ESG 得分分歧问题。就国内的几家评级机构而言，机构间的平均相关性仅有 0.3 左右，这是很低的水平。

同样，将不同评级机构对 A 股企业 ESG 得分在头部(前 20%)和尾部(后 20%)的企业挑选出来，并计算它们的重叠比例。可以发现评分较好公司的重叠度低于评分较差的公司，即评级机构在高评级公司方面的一致性较差，而对 ESG 表现较差的公司则有一定的共识。因此，目前很多人在使用 A 股企业的 ESG 评分上，其实更倾向于做尾部剔除，尽量拒绝投资那些 ESG 评级比较差的公司。总而言之，评级不一致性的现象在海外和 A 股企业中都存在。

(二)分歧的来源

是什么导致了 ESG 评分的不一致性？我们一般认为不一致性来自三个方面。

第一个是范围差异，或者说是议题选取，即各机构对评价某一企业 ESG 表现的议题选择不同。以衡量环境为例，可以把环境拆成几部分，比如气候、二氧化碳排放、绿色产品产量、污染物排放等，这些子内容就叫作议题。假设有评级机构 A 和评级机构 B，同样在环境议题下，可能评级机构 B 考虑的议题是 1、2、3、4，评级机构 A 考虑的议题是 3、4、5，此时两家机构重叠的议题只有两个，它们对议题的选择都不一样，这就叫作范围差异。在社会和治理方面的议题选取也是类似。

第二个是度量差异，也就是指标选取。比如对于二氧化碳排放，有些评级机构关注的是单位收入的二氧化碳排放，因此就需要计算企业的二氧化碳排放与总收入的比率；而有些评级机构关注的是二氧化碳排放的变化，如企业今年二氧化碳相比于去年的排放量变化率。同样是二氧化碳排放的议题，不同评级机构可能会选取不同的指标衡量，这叫作度量差异，或者称为指标选取的差异。

第三个是权重差异，或者可以把它叫作聚合规则。当同样出现几个议题时，如何加总成为环境得分呢？对议题采用等权加总的方式是最粗暴的。另外还要根据行业的不同在各个议题上会有不同的权重。当然，这也与主观认定相关，若评级机构认为环境中的二氧化碳很重要，就会给这个议题更高的权重，最终造成同一公司的 ESG 得分不一样。

从学术角度出发，最需要解决的问题就是如何把我们看到的各家评级机构的结果拆分到这三个原因中。这也是这篇论文的创新之处，它提出了一种解决的方式。

第一步，要对 6 家机构的底层指标，即所谓的从指标到议题的归属进行重新分类，将总共 709 个指标分为共有的 64 类，比如刚才二氧化碳排放的例子，如果两家评级机构都提到二氧化碳排放，尽管两者在底层指标选择上不同，一家考虑单位收入的二氧化碳排放，另一家考虑二氧化碳排放总量的变化率，但两家评级机构都衡量了二氧化碳排放，因此我们就把二氧化碳排放作为一个类别。这个类别对于评级机构 B 来说对应二氧化碳排放的变化，对于评级机构 A 来说衡量的是单位收入的二氧化碳排放。但无论指标如何，它们都属于二氧化碳排放。我们将这些具有相同内涵的指标先聚合和分类，在这样的聚合过程中总共得到了 64 个分类。目前来看，每个分类下 6 家评级机构各自都有几个指标覆盖，比如对环境来说，他们共同关注生物多样性、能源使用、水资源利用和绿色产品等内容；对于社会方面，大家都会关注员工的雇佣、健康与安全、劳动力的使用方式、食品安全和供应链等；在治理方面，更多关注的是员工报酬等。这些是六家评级机构都涵盖的共同议题。

第二步，当重新聚合得到 64 个分类后，我们就可以计算各家评级机构在各个类别上对每一家公司的打分。如何得到各个类别的得分呢？最简单的方法就是把每一家评级机构属于同一个类别中的细分指标得分直接等权处理，就得到了这个类别的得分。进一步计算

64个类别的得分，那么对每家评级机构而言，每个公司都有64个类别的得分，这就可以计算各家评级机构之间的相关性。可以发现的结论是，对于"企业是否为全球行动联盟者之一"这类最简单的布尔型变量，评级机构之间的相关性较高。这是因为这个指标非常明确，企业要么是，要么不是，实际上应该不存在分歧，但相关系数仅有0.92，这说明部分评级公司对企业的数据清洗上并不完全相同，可能没有拿到最准确的数据。其次再看"CEO和董事会之间是否分离"这一指标，这同样也是一个较为简单的0—1变量，也是公开的数据，但各大评级机构在这一分类上的结果相关性仅有0.59。以上结果说明最简单的指标也不能保证百分之百的相关性，即数据清洗存在质量差异。

第三步，确定每个类别的权重。正如刚才讲到的各家机构可能在原始的评级体系下对不同类别设定的权重各异。但现在我们已经把类别进行重新分类了，所以要有一个数量化的方法来确定新分类背后隐含的权重是什么。具体地说，我们现在已经知道各家评级机构对每个公司的ESG打分情况，同时也知道了它对各个重分类的打分结果。这个时候相当于用一个回归方程估计各个类别隐含的权重，回归的目标是最大化R^2，约束条件为所有权重都大于等于0。在这个规则下，对于每家评级机构，比如说让MSCI对900多家公司做一次回归，解出最优权重，再让其他评级机构对所有公司做一次回归，得到权重，最终可以得到每家评级机构在64个重分类下的64个权重值。作者在论文中写道，除了MSCI得到的R^2较低，大概为0.8，其他几家在回归方程中得到的R^2都超过0.9，解释力度较强。MSCI的解释力相对较低的一种可能解释是，MSCI评级体系中权重的设定用到了非线性关系，一方面关注这个公司的ESG得分表现好不好，另一方面关注ESG的评分项对这个公司的影响程度。所以我们使用线性模型估计非线性关系的评估结果会存在一定偏差。

第四步，得到权重后就可以最终拆解分析这些得分到底来自哪些部分的内容。所谓的拆解是通过两家评级机构对比。我就以MSCI和标准普尔为例，首先看MSCI和标准普尔共同覆盖的类别有多少。虽然我们在刚才的过程中把所有类别拆成64类，但并不是每家评级机构都会覆盖全部类别，有可能对于MSCI和标准普尔来说共同覆盖的就只有40个分类，另外24类并没有共同覆盖。以此拆解成两部分，一个是共同覆盖的分类，一个是没有共同覆盖的分类，此时差异就拆分为这两项之和，而这两者之间的差别就反映了覆盖范围的差异。其次，我们再对共同覆盖的40个类别的差异进行拆分，如果我们假设它们的权重一致，那么它们之间的差异就完全来自类别的得分差异，而类别的得分差异是因为各个类别下的指标选取不同，所以我们可以进一步理解为是由度量指标产生的差异。最终我们可以拆分为三项差异来源，并可以对900多家公司都进行同样操作的拆分，得到900多家公司之间的方差。以上就是基本算法的概述，具体结果如图2所示，呈现了评级机构间在范围、度量和权重三个维度差异的两两对比结果。

表 2　　评级结果的差异拆解

Panel A: Rater pairs				
		范围	度量	权重
KLD	Sustainalytics	18%	69%	13%
KLD	Moody's ESG	31%	59%	10%
KLD	S&P Global	20%	68%	11%
KLD	Refinitiv	22%	63%	15%
KLD	MSCI	81%	17%	3%
Sustainalytics	Moody's ESG	20%	64%	16%
Sustainalytics	S&P Global	22%	70%	8%
Sustainalytics	Refinitiv	12%	66%	22%
Sustainalytics	MSCI	68%	30%	2%
Moody's ESG	S&P Global	41%	56%	3%
Moody's ESG	Refinitiv	19%	79%	2%
Moody's ESG	MSCI	66%	41%	-6%
S&P Global	Refinitiv	23%	74%	3%
S&P Global	MSCI	59%	52%	-10%
Refinitiv	MSCI	68%	38%	-7%
Average		38%	56%	6%

Panel B: Rater averages			
	范围	度量	权重
KLD	34%	55%	10%
Sustainalytics	28%	60%	12%
Moody's ESG	35%	60%	5%
S&P Global	33%	64%	3%
Refinitiv	29%	64%	7%
MSCI	68%	36%	-4%

从表 2 中可以看到，除 MSCI 以外，其他评级机构两两之间的差异主要来源于第二项，即度量差异，平均来看这一项的差异贡献超过了 50%。此外，MSCI 确实是最特殊的，它与其他评级机构的差异主要来源于范围选择，这也是我之前提到的，MSCI 一方面观察企业 ESG 表现如何，另一方面引入了所谓的暴露，即该风险到底将对企业带来多大程度的影响，这种度量方式在其他评级机构中并没有出现过。因此，可以发现 MSCI 的差异更多来自范围差异，度量差异相对比较少，而其他评级机构间的差异基本是来自度量差异。

回过头来，你会发现当我们在使用 ESG 的时候，比如说在环境方面，很多人首先想到的是每家评级机构对环境定义的东西不同，但这篇论文的研究结论可以告诉我们：对环境问题定义的内部差异或许不是最严重的，最大的差别来源还是我们究竟选择什么指标来衡量这一议题，这才是各家评级机构差异的主要来源。

（三）对 ESG 评级使用的启发

我们来谈谈这篇论文成果给我们带来的启示。第一，大家在使用 ESG 评级的时候，实际上就关心两个问题：第一个是这些评级机构到底在测量什么东西，这对应的就是三个差异来源中的范围差异，即什么是环境，什么是社会，什么是治理；第二个是环境、社会和公司治理三方面中到底哪个最重要，这会影响权重的使用，但是从论文的结果来看，权重并不是最大的差异来源，而最大的差异来源主要为度量方面，即在同一维度中选用何种指标刻画。

为了应对各家评级机构的不一致性，目前来说有三个做法。

第一种方法，是很粗暴地把全市场主流的评级机构结果都拿来用，最终取一个平均值，得到所谓的市场一致的ESG评级得分，但在实证中就会遇到一个问题——各家评级机构的差异太大了，在某种意义上取平均值后会使得机构间的差异在收敛，最终大家得到的分数都很居中。这种方式很难刻画出公司之间真正的差异。

第二种方法，很多机构在使用ESG评级数据的时候，可能不关注最终的ESG得分，反而关注评价体系中有哪些更细分的议题，再把那些细分议题的得分拿过来，自己加工成最终的ESG得分。这个方法是可行的，但它仍然无法解决我们讲到的度量差异问题，比如说你拿到了二氧化碳排放的议题得分，但是各家二氧化碳排放的议题得分差别很大，为什么最终选择评级机构A的结果而不选择评级机构B的结果呢？这里就涉及很大的主观性。但这种方式适合那些可能没有太多投入资源的群体，比如没有办法从底层指标慢慢加工来做，只能依赖对外部评级结果的加工。

第三种方法，可以获取各大评级机构的最终ESG评级打分，抑或是具体的三个维度得分，甚至可以精确到刚才所说的议题打分，底层的700多个指标打分等。并基于获得的打分情况自我搭建，得到想要的ESG评级得分，这应该是目前业内比较通用的方式。在使用这种方式时，我们还需要查验和加工底层数据，因为即便是最简单的0—1变量，他们的数据也不一定完美。

此外，目前国际评级机构还呈现出一大特点：它们在行业界定上各不相同，比如说MSCI有自己的行业，路透也有自己的行业，大家在行业上的划分都各不相同。但行业划分非常重要，因为不同行业由不同议题构成，比如说食品安全对于金融行业没有太大意义，对于消费行业就有比较大的意义；再比如说隐私保护对科技行业比较有意义，对其他行业没有太大意义。行业的划分会影响各类因素对公司的重要性，因此同一企业归类于不同行业，就有可能得到不一样的ESG得分。

二、本土化ESG评级体系的搭建

如果我们要搭建一个本土化的评级体系，需要考虑哪些方面？首先，要对行业重新分类。目前来看国内很多机构在做这一块分类的时候会倾向于参考申万行业、中信行业，他们的结果跟我们在投资中使用的行业分类是比较一致的。其次，确认行业的实质性议题，这个一定会有主观性，我后面会以金融行业为例说明我们如何来选取所谓的重要性议题。

(一)确定指标体系

大家知道ESG现在没有一个统一的标准，所以通常来说，我们看每个行业在关注ESG议题的时候，一定要兼顾到国外这个行业的标准和国内这个行业的标准，这一点非常重要。当然，任何ESG评级的打分最终一定要落实到可取得的数据上。因此我们还需要关注到底哪些议题是强制披露的，只有是强制披露的东西，才能拿到数据，如果有一个议题没有任何数据支持，那么这个议题对于搭建 ESG 体系就是没有意义的。此外，还可以从特定行业的规则中挖掘出一些信息。

以金融行业为例，在确定指标体系时会考虑目前国际上 ESG 评级主要关心的内容，也会关注国内交易所现在要求披露的数据。此外，金融机构还有单独的监管部门，像中国人民银行等，因此可能会有其他的数据披露要求。最终梳理得到的议题结果包括 5 个环境议题、8 个社会议题和 4 个治理议题。其中环境议题为能耗管理、碳排放、绿色金融、气候变化和环境管理，这里有个非常特殊的议题就是绿色金融，且这样的议题肯定不会出现在别的行业里。选择金融行业是因为国内的政策文件非常强调绿色金融这一块。对于银行来说，他们关注绿色贷款；对于保险公司来说，他们关注绿色保险的产品规模，这是金融行业的特殊之处。

社会议题方面包括供应链、相关权益保护、员工和社区投资等。金融行业特殊的内容包括服务国家实体经济、助力乡村振兴和普惠金融，这些议题是国内金融企业特有的，也出现在很多政策文件的表述上，可以纳入议题，并考虑其中的数据是否可得。

治理议题包括风险管理、董事会组成和合规经营等。这一大块在各个行业间的差异没有那么大。总体而言，我们可以在金融行业中选取 17 个左右的议题。

金融行业其实很大，还有不同的细分。通常我们在统计上一般会将金融行业拆分成银行、保险和非银金融，也就是证券、信托。首先，它们属于不同的分管机构；其次，两者从业务上说也有较大差异，比如说银行可能以贷款为主，保险机构有专门的保险产品。在细分行业中，我们要重点考虑度量差异，比如说同样是度量绿色金融，可能在银行中选择的指标和保险中选择的指标就会不同。

（二）实质性议题的权重设置

如何给刚才所讲到的 17 个议题设置权重是一大核心问题。从议题权重上讲，虽然前面的论文告诉我们权重并不是主要的分歧来源，但实际上议题的权重确实会严重影响公司最终得到的打分结果。目前确定议题的重要性主要有几种方法，第一种是拍脑袋，我觉得哪个重要就选哪个。第二种比较简单，就是等权思想，不放入任何的主观观点。

更科学地，我们可以借鉴这篇论文中的做法，用三个维度来衡量议题的重要性。

第一个是 ESG 信息披露，将议题的信息披露分为三档：第一档是国内法规要求的定量披露，比如绿色贷款发放数量，每家银行在年报中都会披露这一指标，这就叫作有定量披露的议题；第二档是没有定量的数据，只是一个定性的披露，比如说是否加入 UNPI 组织，这就是有和无之间的差别，将之归类为披露中的第二档；第三档是国外要求的定量披露，但国内并没有对应的披露要求。我们通过三档的划分就可以判断议题的重要性，总体来看，国内的定量要求是最重要的。

第二个是金融机构社会责任，这个确实具有一定的主观性。这一方面同样可以区分为三档，重要议题且制定具体承担任务的赋值为 3 分；重要议题的赋值为 2 分；其他议题的赋值为 1 分。比如说普惠金融是金融行业中需要承担的责任和义务，但金融行业不涉及食品安全问题，因此金融行业对两者在社会责任方面的重要性评价不同。

第三个是企业和利益相关者，这可以根据各公司披露的实质性相关矩阵统计，并取众数分为三档确定得分。如果大家现在看上市公司披露的社会责任报告，可以发现很多上市公司，尤其是国企，往往会披露一个实质性矩阵，该矩阵的横轴表示某议题对这家公司的重要性，纵轴表示该议题对社会的重要性，这时就可以把行业中各家公司的实质性矩阵画出来。通常在一个行业中，我们首先要挑选这个行业的龙头企业以代表这个行业的基本情况，其次要选取部分所谓的社会责任表现比较好的公司，并关注历史上各家机构对这些公司的实质性矩阵绘制结果。

我们能够从实质性矩阵中判断每个议题的得分情况，并将它们重新标准化为1，这就是最终确定得到的议题权重。以上说到的是二级议题的权重计算方法，但实际上我们能得到的最细的指标为四级指标，如何设置四级指标的权重同样非常重要。

以污染物为例，污染物排放是二级指标，这里涉及的四级指标有两个，分别为废水排放和有害废弃物排放两个细分指标。首先要确定的是这两个细分指标如何加总得到污染物得分，这就涉及权重计算的问题，一般来说我们会考虑几种，四级指标的权重设置与议题的权重设置有一定的相似之处。我们可以把权重分为三种，第一种是定量指标，通常是连续性的变量，相对来说对应着比较重要的权重；第二种也是定量指标，但指标不能很好地衡量议题表现；第三种为定性指标，也就是二分变量。可以将每一个指标都分成以上三种类型，分别对应着1分、2分和3分。举例而言，单位废水排放量是非常定量的指标，就对应着第一种，赋值为3分；废水排放是否超标属于二分变量，只能归类于第三种，赋值为1分。因此这两个指标分别对应的权重为75%和25%。

（三）指标表现的得分计算

指标究竟如何计算，有一套方法值得大家借鉴。通常来说我们会把指标分成五大类，具体的指标类型、定义和例子如表3所示。

表3　四级指标的类型定义和举例说明[①]

指标类型	定义	举例
二元指标	四级指标值为Y(是)、N(否)	因数据安全或侵犯个人信息而受罚
强度指标	四级指标值与企业营收、员工人数等经营变量具有强相关性	减排二氧化碳当量、减排标准煤当量——与绿色贷款余额具有强相关性
百分比指标	四级指标值为百分数，大部分数值在[0，1]之间	不良贷款率——百分比数值
披露指标	四级指标值披露情况各异，有定量披露、有定性披露，且定量披露可比性较弱	有害废弃物排放——部分企业未披露、部分企业提及有害废弃物、部分企业披露总行有害废弃物总量、部分企业披露有害废气物排放/人
分层指标	四级指标值为绝对数值，且与企业营收、员工数量等指标无关	总行层面罚款100万元以上次数——可按次数分层打分

① 数据来源：光大证券研究所。

第一类叫作二元指标，也就是我刚才说的定性指标，即0和1的问题。

第二类叫作强度指标，比如说企业的二氧化碳排放量是多少、绿色贷款额度是多少这类绝对值指标。这种强度指标往往与公司的收入相关，因为一家公司的二氧化碳排放越多，并不一定意味着其环境表现越差，更可能的原因是该企业的业务更多，生产量也更高，高二氧化碳排放其实是来源于这家企业的大体量。这指导我们在使用强度指标时一定要考虑企业规模对它的影响、企业员工对它的影响，不能直接从总量上比较。

第三类为百分比指标，比如说银行的不良贷款率。这类指标具有可比性，其值的大小和银行体量没有太大的关系。不管是大银行还是小银行，其不良贷款率高肯定是负面的，对应的风险也就比较大。

第四类是披露指标。即这类指标并不是强制披露的，所以会面临一些问题。有的公司披露，有的公司没有披露，但这并不意味着不披露一定表现较差。我们可以给那些披露的公司相对较好的得分，以鼓励其他公司加强披露，否则会涉及不公平的问题。

第五类指标就是分层指标。将指标分为不同的层级，但是高层级和低层级之间的差异大小并不明显。

最后，如何将我们获取的原始值转化为最终指标上的表现得分？这个过程实际上就涉及刚才说的每个细分指标，比如说四级指标有两个，一个权重为75%，一个权重为25%，清楚四级指标得分和权重比例后，原则上就能计算得到三级指标的得分。但在此之前还会引入一个所谓的披露得分。披露得分想要解决的是披露率不平衡的问题。比如说对A股5 000多家公司打分的时候，如果某一指标的披露率很低，具体而言现在的碳排放披露就遇到了这个问题，整个A股的碳排放披露数据都不到20%，很多企业根本就没有碳排放的数据，所以如何对那些没有碳排放的数据的企业打分就是一个问题。目前来说，很多数据商的处理方式是，把这些企业的碳排放表现当作比较差的处理，先对20%披露数据的企业打分，再把没有披露的作为表现最差的一档。但是没有披露数据的公司不一定代表其二氧化碳排放表现一定很差，所以这里会存在一定的偏见。为了降低这种偏见，可以借鉴彭博的方法论，引入披露得分，即对大多数企业都会披露的内容赋予更高的权重，对较少企业披露的内容进行压缩，则指标的披露程度最终将影响评级机构对某一指标给分的上限和下限。当一个指标基本没有公司披露时，这个指标是否披露对不同公司的影响差异就比较小，这种方式在某种程度上拉近了指标得分的公平性，这就是披露得分的重要意义。最终，在各个维度上加总之后能得到ESG的评分结果。

以上例子已经帮助我们大概了解如何搭建评价体系。首先，确定好议题和指标。其次，在得到四级指标的表现得分后，依据披露得分汇总成为三级指标的得分，并不断向上汇总。最终便可以得到ESG的综合得分。但这个过程涉及主观性，主要体现在两部分：一个是四级指标的披露得分涉及一定的主观性，另一个是二级议题的权重设置也涉及主观性。

我们自己搭建一套ESG评级体系的最大好处是什么？主要是当我们发现两家公司的

得分不一致时，能够清楚地知道其中的差异来自哪里，是它们在某些二级议题上的得分略有不同，还是它们的指标披露程度不同。从投资角度上说，我们可能更关注的是那些大部分公司都有披露，但是不同公司之间表现不同的数据。公司是否愿意披露，或者说披露的颗粒度是多少，从某种意义上说我们不应该在此带入主观偏见。而目前很多评级机构倾向于给那些所谓没有披露数据的公司更低的分数，这一做法的隐含目的就是希望通过这样的机制鼓励企业披露。但是对于投资来说，我们没有这样的动力做这件事，或者在某种意义上我们只是希望基于公开的数据选取那些得到大家广泛披露的指标中表现更好的公司，而不在乎公司是否披露数据，以及其为何不披露数据。

三、ESG投资实践的成果

最后是第三部分，关于ESG投资实践。首先介绍我们在整个投资中如何使用ESG得分。一般来说，现在大家基本认可ESG的实践贯穿整个投资研究的流程。

首先在投资之前，很多公司都会在5 000多家A股公司中选择可以投资的范畴，剔除在ESG表现上处于尾部位置的企业，以免未来遇到较大的风险。其次在投资过程中，企业会在已经选定的股票池中开发自己的产品和投资组合，这里可以与很多的传统模型相结合。最后是投资之后，很多资管机构会要求我们对选定的投资组合出具分析报告，说明投资组合中到底有几家公司的ESG评级很靠后，以及为什么公司的评级那么低还要投资。这督促我们不停地监控这些公司的ESG表现。

(一)国内ESG投资实践成果

投资过程中我们更多关注的是ESG产品化的程度，下面我简单介绍国内的ESG投资实践成果。通常来说国内可能不太使用“ESG”这个词，而更偏向于使用“可持续投资”。目前来说从公开数据上我们能收集到的ESG投资实践大概可以分为这几类：一是ESG理财产品，二是ESG债券，三是ESG的公募基金和一些产业基金。

在收集得到的数据里面，从体量上看最大的是ESG债券，主要包括三大类，分别是绿色债券、疫情防控债券(未来可能取消)和乡村振兴债券，这三块合起来可以占到整个ESG债券的90%。

从股票权益端来看，目前国内的ESG公募基金，尤其是权益端的发展相对来说没有那么快。我们一般将产品分为主动型和被动型，所谓的“被动型”是指数化的产品，“主动型”是基金经理主动选股。通常来说，我们会把投资产品说明中提到“可持续”“ESG”等相关词汇的基金归类为主动型ESG基金，但这可能会涉及“漂绿”现象，即该基金没有真正严格地遵循ESG的投资理念，但呈现出来的效果是在做ESG的相关事项。“被动型”实际上比较容易理解，它们有所谓的被动指数，其规模数据相对而言也比较可靠。目前来讲全部的“被动型”产品也就三百多亿元的规模体量，相对于“主动型”产品一千多亿元的规模体量来说是非常小的，这是两者在体量上的差异。

(二)ESG投资策略

ESG从投资策略上来说,一般可以分为七种,具体包括ESG整合、负面筛选、国际规范筛选、主题投资、正面筛选、影响力投资和参与治理。这七种分类也参考了海外标准化的分类方式。

其中,"ESG整合"可以简单认为是将ESG理念切实地用在ESG评级的打分过程中。"负面筛选"又可称为价值投资,这一类的投资策略是最早发展的一类,比如说参与黄赌毒的公司是不能参与的,比如海外的一些公司不愿意投资中国的白酒企业,因为他们认为酒精类的行业不是最优的投资选择,但这对任何一个中国的投资者来说都会觉得难以理解。这是从价值投资角度考虑。这两类实际上是最大的ESG投资策略。

第三个是"国际规范筛选",这是指现在很多例如联合国这样的国际机构出示的规范性条文也是需要遵循的,如果企业违反其中的某些条文,应当被拒绝投资。这从某种意义上与"负面筛选"有一定的相似之处,但是"负面筛选"更多的是价值观上的体现,"国际规范筛选"相对来说会有一些标准。

第四个是"主题投资",包括影响力投资,实际上有一定的价值引导。这一点上具有代表性的是日本,因为日本的女性就业比例非常低,所以你会发现日本企业其实投资了很多与女性主题相关的指数,并基于这些指数筛选投资的公司。比如说优先筛选那些女性员工占比较高、女性高管占比较高的公司,这些目标在某种意义上并不是以投资收益为主,但是我们做这些主题投资是希望通过这样的资本力量来驱使更多的公司投入所谓的主题发展上,比如说鼓励更多的公司来招聘女性员工。你可以发现很少有人会使用"主题投资"类的产品去做收益分析,因为这类投资更多是在使用资本市场的力量去引导方向,而不是关注于这些公司是否能够创造出更高的收益。

剩余的几种投资策略我就不再赘述了。综观国内A股具有代表性的ESG产品,可以发现国内整体上的ESG实践体量及其程度是弱于国外的。另外,被动投资相较而言更为透明,我们可以从指数中了解这只股票是如何被选择出来的,以及从指数方案中了解ESG投资策略如何能够影响最终的成分股选取。

(三)ESG指数的发展

我们整理了ESG指数的发展历程,首先,从指数发展上来说基本呈现出逐步发展的布局路径,先是价值投资(基于价值观的投资),再到ESG整合(及ESG评级打分),再发展出影响力投资(基于特定主题的趋势性引导)。其次,可以看到基于特定商业活动的ESG剔除类社会责任指数和ESG综合评估的可持续发展指数出现较早,而基于气候的低碳指数一直到2009年才首次出现;旨在对社会产生影响和引导效应的影响力投资指数则从2016年后才进入公众视野,如2016/2017年连续推出的女性领导指数、人力资本指数、长期价值创造指数等,这些指数多数是海外主权基金与指数公司合作开发。最后,政策颁布对特定指数的发布有一定的催化作用,如2007/2008年的《2020年气候和能源一揽子计划》直接推动了同年标准普尔全球再生能源指数和次年 MSCI 全球环境指数、标准普尔低碳指数的发布等。

各家指数公司都有 ESG，但是从全球来看主要的指数是在 MSCI。截至 2021 年 6 月 18 日，ESG 的交易型开放式指数基金（ETF）产品共 1 262 个，管理规模共 2 174.4 亿美元，约占权益类 ETF 规模的 3.1%，说明从全球来说，ESG 确实不算大众的投资。但在 1 000 多亿美元的 ETF 当中，接近 75%跟踪的都是 MSCI 的指数，这说明 MSCI 的 ESG 评级在全球有非常大的话语权，因为有很大的资金体量都在跟踪 MSCI 的指数，这使得很多海外投资者被迫需要使用 MSCI 的 ESG 评级结果。

MSCI 的 ESG 指数分为股票指数（E）和固定收益指数（F）大类，同样还可以再细分为三种方法：ESG 整合、价值与筛选和影响力投资，具体示例如表 4 所示。从整个指数上来看，三种方法都有对应的产品跟踪。

表 4　　MSCI ESG 股票指数（E）和固定收益指数（F）大类①

ESG整合(E)	价值与筛选(E)	影响力投资(E)	ESG整合(F)	价值与筛选(F)	影响力投资(F)
MSCI ESG领先者指数 (MSCI ESG leaders Indexes)	MSCI ESG筛选指数 (MSCI ESG Screened Indexes)	MSCI 可持续影响指数 (MSCI Sustainable Impact Indexes)	MSCI 固定收益ESG领先指数 (MSCI Fixed Income ESG Leaders Indexes)	彭博MSCI社会责任指数 (Bloomberg MSCI Socially Responsible (SRI)Indexes)	彭博MSCI绿色债券指数 (Bloomberg MSCI Green Bonds Indexes)
MSCI责任投资指数 (MSCI SRI Indexes)	MSCI剔除有争议武器业务指数 (MSCI ex Controversial Weapons Indexes)	MSCI女性领导力指数 (MSCIWomen's Leadership Indexes)	MSCI固定收益ESG广泛指数 (MSCI Fixed Income ESG Universal Indexes)		
MSCI KLD 400指数 (MSCI KLD 400 Indexes)	MSCI剔除烟草业务指数 (MSCI ex Tobacco Involvement Indexes)	MSCI日本人力和实物投资指数 (MSCI Japan Human and Physical Investment Indexes)	彭博MSCIESG加权指数 (Bloomberg MSCI ESG Weighted Indexes)		
MSCI ESG聚焦指数 (MSCI ESG Focus Indexes)	MSCI美国天主教价值指数 (MSCI USA Catholic Values Indexes)		彭博MSCI ESG可持续发展指数 (Bloomberg MSCI ESG Sustainability Indexes)		
MSCI ESG广泛指数 (MSCI ESG Universal Indexes)	MSCI伊斯兰指数 (MSCI Islamic Indexes)				
MSCI美国ESG精选指数 (MSCI USA ESG Select Indexes)					

从发展规模和体量来看，ESG 整合是这几年发展最快的一类策略指数。ESG 整合实际上是利用 ESG 得分适当调整公司池。比如说对沪深 300 进行 ESG 整合，实际上就是对这 300 家公司剔除 ESG 排名位于后 20%的公司，整合之后就剩下 240 家公司。然后再对 ESG 得分适当调整一下权重，可以用市值的权重乘以 ESG 得分微调，变成整合指数。MSCI 的很多整合指数都有类似的作用。我们还可以利用 ESG 的评级筛选成分股，利用 ESG 的评级得分微调权重。所以想要比较 ESG 是否有效，可以转而比较这个母指数和对应 ESG 指数的收益表现情况，以此进行判断。

另外，MSCI 还有一个系列指数，就是气候类指数，这是这几年来整个资本市场关注度非常高的一类指数。在国内的关注度可能没那么高，是因为目前国内很多公司确实没有碳排放的数据，所以要做这些气候指数相对来说就比较难。但是从海外经验来看，因为有《巴

① 数据来源：MSCI 官网。

黎协定》等一系列文件的要求，这方面的数据和母指数就会比较完善。

除了ESG整合类的规模和数量占比(约为40%)最多之外，第二类实际上就是价值与筛选类的基金，规模占比大概为20%，还有气候和影响力大概各占15%。从2010年到现在，你会发现复合增长率增长最快的就是ESG整合类指数，这使得ESG整合类指数在整体规模和数量占比上都是最高的。大家知道整个ESG评级结果本身确实在被动指数的发展中发挥了非常大的作用，而ESG整合从某种意义上说就是用到了评级的数据。

从ESG整合代表性指数来说，在MSCI中比较具有代表性的实际上是ESG领先指数。“领先”就是从中选择ESG表现比较好的公司。主要方法是按ESG评级得分排序，从最高的公司开始选择，直至选取公司在整个行业中的市值覆盖率达到50%结束。很多人在使用ESG评级挑选公司的时候会遇到一个问题，当他们完全没有任何限制，在全市场中选择时，可能最终选出的排名比较靠前的公司会集中在特定行业，如新能源行业，因为这类行业的绿色产品收入较高。因此如果ESG得分没有做行业的中性处理，就可能导致最终选择的企业偏向特定行业。MSCI的ESG领先指数的好处就是，可以帮助我们限定在某个行业中选择，最终选择的企业就是这个行业中ESG评分比较好的公司。此外，MSCI领先指数在全球各个区域都在做，是一种区域性指数，涉及全球所有国家市场、发达国家市场、美国市场和新兴国家市场，我们国家就位于新兴市场。

MSCI在全球不同区域的收益表现不同，整体来说ESG的有效性在新兴市场中比较明显，在发达市场中很弱。这一点可以解释为什么很多人在投资中使用ESG非常谨慎，从这些指数和产品中能看到，如果你仅考虑投资收益，那么ESG指数并不能带来显著效果。ESG的有效性主要表现在新兴市场中，且拆分成单独市场来说仍有超额收益。目前中国的ESG初具雏形，进一步的发展从投资角度上仍具有丰厚的发展空间，这也证明了ESG探索的重要意义。

为什么ESG策略在新兴市场和在发达市场中的表现差别如此之大？其实学术研究已经给了很多解释，基本上可以归纳成以下三个。第一个就是风险补偿。投资上的风险补偿，就是投资者在承担某一风险时会倾向于要求更高的投资收益。在新兴市场中，无论是在环境治理上，还是在公司治理上，公司都有可能面临更多问题，因此风险补偿使得投资者能够在新兴市场中要求溢价收益。第二个是从市场有效性考虑，很多的风险大家在事前都没有意识到，而当ESG信息披露逐渐完备时，这些风险就会逐渐释放，使得ESG表现更好的公司的收益逐渐体现出来，这也是市场有效性的演变。第三个是公司分化，发达市场中大家都经历了一段长时间的实践工作，基本处在整体水平的中上位置，且公司之间的差异并不大。而新兴市场中，大家在这方面正处于初步探索阶段，因此好公司和差公司之间的差异分化非常大，从某种意义上说这为我们选股投资提供了一定的空间。

总而言之，中国处于新兴市场的范畴之内，目前国内整体的ESG信息披露仍处于早期阶段。所以无论是从市场有效性提升，还是从风险补偿角度来看，ESG在未来仍有很大的发展空间。

四、总结

综上所述，本次讲座的内容可以总结为以下几点。首先是 ESG 在实践中遇到的问题，主要为目前各家评级机构的 ESG 评分分歧很大。在实践中，目前业内资管公司的通用方式为自行搭建可行的 ESG 评级体系，可以自己从原始指标的收集和整理开始，也可以在购买数据提供商的细分指标的基础上进行加工。对于我们来说，我们可能会买多份数据，比如说同样的碳排放数据可能会看三家公司，并选取它们都有的数据，没有的话就需要人工查验。在某种意义上，如果你想把数据质量做得足够好，这还是一个高度依赖于人力资本的行业。

其次是如何搭建本土化的 ESG 评级体系。目前来看大部分评级机构还是采用分行业建模的方式。现在做 ESG 评级的评级机构最喜欢分析偏能源类行业，因为这类公司首先在披露上会有更高的要求，尤其在环境这块。另外也会选择国企密度比较高的行业，比如说金融行业，目前对于国企的披露要求会比民营企业高很多。总体来看，我们按照行业建模是有意义的，且在参考很多方法论之后，我认为引入披露得分是比较好的一种方式，可以借鉴在未来大家设计指标的过程中。

此外，在整个搭建体系中我们可能会遇到很多的难点，第一个是在议题的选择上，我们可以借鉴海外评级机构的公开议题，最保守的方式是依据海外披露的议题得到一个交集，这个交集就是具有大家共识的集合，从这些议题入手至少不会出错。第二个是在实际指标的选取上，我们还是要优先选择那些可以量化的指标，否则其他的东西都很模糊和不精确，最终容易导致结论出现较大差异。第三个是权重设置，这天然带有一定的主观性，不过之前的论文已经告诉我们，权重差异可能不是最核心的来源，我们在这一方面遇到难题，也可以暂且搁置，哪怕等权处理也是可行的。

最后是投资实践成果。ESG 可以应用于全投资流程中，从国内 ESG 产品成果来看，ESG 债券体量最大；ESG 基金以环境主题的泛 ESG 基金为主，更多呈现为主动型产品。在指数的应用中，考虑到海外企业都认可 MSCI 的指标体系，这反映了其指标体系肯定有我们值得学习的地方，但刚才也讲到了各家评级结果之间的差异与 MSCI 和各家机构的评级结果差异并不相同。还有一点是我们位于新兴市场，且新兴市场的 ESG 有效性比较高，这对于我们继续从事 ESG 的研究来说是一件好事。

第十六讲　ESG理念与价值投资①

邵琳琳②

一、"ESG投资"的国际发展与中国现状

ESG从本质上来讲，应该是一个关心企业发展的理念，后期逐渐演变成定价投资方面的理念。我们希望更多地贯彻这样的理念，不管是从我们对公司及行业研究层面上，还是从二级选股层面上，我们希望更多地渗透到上市公司层面和企业层面，以加强其内部管理，驱使他们做行业演变或者是增进上下游之间的合作关系。作为投资人，ESG是长期价值、风险管理以及社会价值的体现，关注ESG指标主要有三个原因：一是不同于传统的财务指标，企业的ESG表现可以反映它的社会价值，ESG信息可以帮助投资人更好地衡量投资标的的长期价值（long-term value）；二是ESG可以帮助衡量企业经营的潜在风险，ESG信息可以帮助投资人完善风险管理（risk management）；三是越来越多的投资人不再以赚钱为终极目标，他们希望自己的投资能带来正的社会价值。

ESG理念的萌芽（1960—2004年）是一个从伦理投资到社会责任投资的过程。从理念走向社会各领域实践主要从2004年开始，到2006年《联合国负责任投资原则》（PRI）正式发布并逐渐盛行。从风向标上看，我们比较关注的就是可持续投资的规模，这在过去几年稳步增长。根据我们的统计数据，在全球范围内增长最快的是加拿大和日本，它们的增长速度也是比较突出的。

（一）ESG投资的国际发展

欧洲是ESG信息披露比例和产品数量的领跑者，是ESG投资领军者。随着欧洲不断加强ESG的信息披露，目前ESG披露比例排名方面，欧洲交易所占据了前十中的八个，欧洲可持续投资大多围绕ESG指标展开。在全球ESG产品层面，欧洲市场的ESG产品数量也占到全球六成，远远领先于其他市场。我们目前在研究ESG投资理念的时候，也大量借

① 本文为2023年11月28日上海财经大学富国ESG系列讲座第20期讲座内容，由池雨乐整理成文。

② 国投证券研究中心总经理、首席环保和公用事业行业分析师。

鉴了海外国家比较优秀的过往经验。

比如欧洲的百达资产管理公司是Pictet集团的四大业务线之一，制定了明确的排除框架，将严重不符合ESG标准的公司或主权发行人发行的证券排除在投资选择之外。排除标准基于有争议活动及其收入阈值，并按照国际规范筛选。同时，开发了专有的ESG打分卡，从四个方面评估发行人。

从美国市场来看，以广义ESG为目标的基金完全按照ESG原则投资。2019年以后，ESG投资基金的数量和规模迅速增加，完全以广义ESG为目标的基金规模飞速扩张，目前已经超过宗教价值目标，逐渐成为ESG投资基金的主导。

从日本市场来看，尽管当下可持续资管规模较欧洲和美国落后，但其对于可持续发展的重视程度位于世界前列，且签署PRI的机构数量逐年增多。气候相关财务披露工作小组(TCFD)为企业提供框架以披露气候相关数据，与ESG信息披露环节联系紧密，日本目前支持TCFD的企业数量已居世界首位。

从加拿大市场来看，加拿大把ESG明确融入养老基金投资，同时也强化信息披露。

(二)ESG投资的中国现状

中国ESG实践的发展可以分为三个主要阶段，且在2020年强调碳中和后愈发受到关注。具体而言，第一个阶段始于2001年，随着中国加入WTO而融入国际经济，社会责任理念逐渐为中国企业所接受；第二个阶段是在2012年中国共产党第十八次全国代表大会之后，尤其是2015年中国共产党第十八届中央委员会第五次全体会议提出“创新、协调、绿色、开放、共享”五大新发展理念后，高质量发展与可持续发展成为国家发展战略；第三个阶段是2020年“双碳”目标被确立为国家战略，低碳转型成为热点，ESG聚焦于低碳议题，并与资本市场结合紧密，被越来越多的上市公司和资产管理机构重视。

我们做行业研究时，会发现ESG和政策的支持与引导是息息相关的。ESG投资在中国发展的核心推动力是各层级的政策，这两年以来，ESG在我国的发展是非常迅猛的。2022年以来，在“双碳”背景下，政府部门及资本市场监管机构出台的政策文件多聚焦于信息披露以及企业绿色发展方面。沪、深、港三大交易所迭代优化ESG信披规则，立足自身、对标国际。国资委引导央企上市公司强化ESG信息披露质量，力争到2023年实现“全覆盖”。金融机构相继发布ESG指数、基金，不断丰富投资产品谱系；生态环境部等部委高屋建瓴制定法规，推动双碳进程。

ESG投资在中国发展的重要推动力是央企表率。2022年5月27日，国资委发布《提高央企控股上市公司质量工作方案》，提出贯彻落实新发展理念，探索建立健全ESG体系。具体是：第一，中央企业集团公司应统筹推动上市公司完整、准确、全面贯彻新发展理念，进一步完善ESG工作机制，提升ESG绩效，在资本市场中发挥带头示范作用；第二，立足国有企业实际，积极参与构建具有中国特色的ESG信息披露规则、ESG绩效评级和ESG投资指引，为中国ESG发展贡献力量；第三，推动央企控股上市公司ESG专业治理能力、风险管理能力不断提高;第四,推动更多央企控股上市公司披露ESG专项报告,力争到2023年相关专项报告披露“全覆盖”。

绿色投资是中国ESG投资的主要表现形式。2016年,中国人民银行等七部委发布《关于构建绿色金融体系的指导意见》,奠定了中国绿色金融发展的基调。在绿色金融发展政策的支持下,中国绿色信贷、绿色债券的规模持续增长。在绿色信贷方面,根据中国人民银行披露的数据,中国主要银行机构的绿色信贷贷款余额从2012年的8 949亿元人民币上升至2021年的118 993亿元人民币。在绿色债券方面,2021年发行的绿色债券金额增至2 276亿元人民币。

在政策指引以及社会舆论的引导下,近年来我国A股企业ESG披露意识逐步增强,披露率逐年提升。根据Wind统计数据,2022年A股上市公司ESG报告披露数量达1 467家,约占A股上市公司的28.8%。从全球范围来看,全球G250[①]可持续发展报告率达96%,中国企业为全球G250中占比最高、影响力最大的分支之一,数量从2020年的61家增加至2022年的74家,约占总体的30%。

国际比较来看,我国的ESG信息披露体系缺乏规范的标准,企业所披露出的信息以描述性文字为主,缺少量化指标,较少为报告使用者提供高价值的参考信息,容易导致信息的误判。从信息披露的履约主体来看,应当披露社会责任报告的有“上证公司治理板块”“深证100指数”,除此之外仅仅是“鼓励”层面的要求,导致参与可持续发展报告相关内容披露的主体范围少,上市公司参与度低。而海外的披露体系中,英国多强制要求信息披露,美国注重指标量化,日本更关注信息披露的质量。

另外,从评级体系来看,我国的ESG评级体系以华证、中证、商道融绿等为主,仅能覆盖A股上市公司,信息来源大多为企业自主披露信息,部分加入了一些中国特色的指标,如违法违规情况、精准扶贫等。但相比于国外,国内的评级体系仍然存在信息渠道少、覆盖范围小、信息更新不及时等缺点。

总体而言,国内ESG投资发展的关键矛盾在于,应加强信息披露和完善ESG评级。海外ESG信息披露和ESG评级体系已经趋于成熟,而中国由于起步较晚,仍然处于发展期。中国可以不断吸取海外优秀投资策略的经验,加强信息披露,完善中国的ESG评级体系,将ESG理念融入更多行业。

二、ESG权益策略的有效性——基于A股环保行业投资实践

下面我将以A股环保行业的投资实践为例探讨,来做ESG投资策略的研究,分析它是否在国内有效。

---

① 根据2021年财富500强排名,按收入划分的全球250家最大公司。数据来源:《2022年可持续发展报告调查——中国企业前沿洞察》。

(一)ESG 权益投资及效果

ESG 基金主要分为两类:一类是 ESG 主题基金,在投资策略中综合考量环境、社会、治理三方面因素,通常使用 ESG 整合、负面筛选、正面筛选选择投资标的;另一类是泛 ESG 基金投资策略,仅覆盖 ESG 中一到两个方面因素,通常进行主题投资。近五年 ESG 基金规模大幅增长,截止到 2023 年 11 月 9 日,纯 ESG 基金有 127 只,规模高达 621 亿元。

如表 1 所示,国内纯 ESG 基金管理人的排名年际变化较为明显,表明纯 ESG 基金市场仍处于群雄逐鹿、充分竞争的状态。截至 2023 年 6 月 30 日,南方基金纯 ESG 基金规模达 63.71 亿元,居国内公募机构首位;其次是兴证全球基金,纯 ESG 基金规模达 59.55 亿元;汇添富基金纯 ESG 管理规模达 45.75 亿元,位列第三。

表 1　　国内纯 ESG 基金机构格局①

	2019 年	2020 年	2021 年	2022 年	2023 年二季度
1	易方达基金	中欧基金	兴证全球	中银基金	南方基金
	97	103	104	80	64
2	富国基金	兴证全球	汇添富基金	嘉实基金	兴证全球
	85	30	59	60	60
3	民生加银	富国基金	中欧基金	兴证全球	汇添富基金
	40	23	59	51	46
4	汇添富基金	易方达基金	南方基金	汇添富基金	招商基金
	36	19	35	48	35
5	南方基金	南方基金	浦银安盛	南方基金	嘉实基金
	28	16	21	39	34
6	财通基金	财通基金	华宝基金	中欧基金	中欧基金
	7	13	20	35	31
7	浙商基金	摩根士丹利	浙商基金	易达方基金	易达方基金
	7	11	14	32	29
8	兴证全球	汇添富基金	富国基金	浦银安盛	民生加银
	5	8	13	15	18
9	华安基金	浙商基金	易方达基金	华宝基金	中银基金
	2	7	9	13	16
10	华宝基金	华安基金	华安基金	广发基金	广发基金
	1	6	8	10	14

① 数据来源:Wind 数据库和国投证券研究中心,数据截至 2023 年 6 月 30 日。

从投资效果上看,ESG 评级较高的公司超额回报也比较明显。企业自身在承担社会责任方面的表现越好,越能获得资本市场的认可,尤其是现在有比较多的绿色金融政策支持基金,海外 ESG 的投资基金在加速入场。同时,评级较高的公司的 ESG 风险相对较小,可以满足投资者避险的需要。

根据 Wind 的 ESG 评级结果和 Wind 对中国公募基金的 ESG 分类口径,国内 ESG 公募基金产品的表现整体好于非 ESG 基金。其中,纯 ESG 基金表现最优,综合数据长期来看,BB 级及以上的 ESG 公募基金复权单位净增长率基本在 10%～30%,若以过去 5 年的数据作为参考,则复权单位净增长率可以达到 50%以上。长期收益来看,纯 ESG 公募基金拟合业绩百分比显著超越沪深 300 指数的百分比。由图 1 可知,近十年,中证 ESG40 全收益指数和国证 ESG300 全收益指数年化回报率分别为 8.51%和 9.02%,超过沪深 300 指数 6.39%。

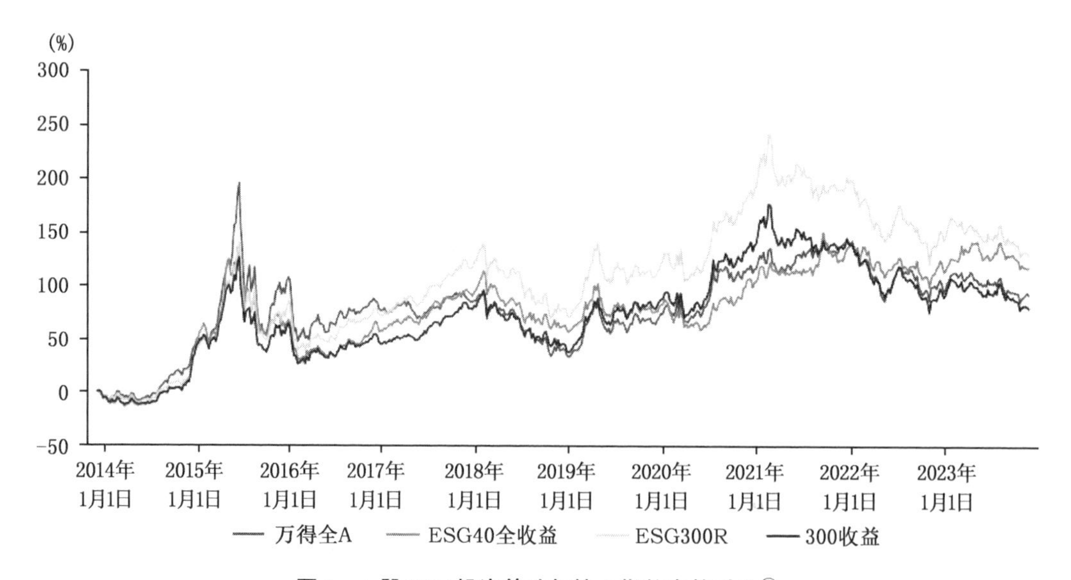

图 1　A 股 ESG 投资策略与核心指数走势对比[①]

(二)ESG 策略有效性的必要条件

ESG 的投资有效性主要来源于什么?我们认为可能更多的是基于负面筛选降低组合投资风险。目前 ESG 投资策略主要分为七类:负面筛选、正面筛选、ESG 整合、参与公司治理、国际惯例筛选、可持续主题投资和社会责任投资。其中负面筛选即投资者基于道德、环境等偏好在投资组合中排除与其价值观相悖的公司;ESG 整合即投资者通过定量模型或定性分析综合考虑 ESG 风险,以提高投资组合收益。总体来看,筛选策略是中国机构投资者运用的主要投资策略,可以帮助投资者减少投资风险。根据中国证券投资基金业协会的调

① 数据来源:Wind 数据库和国投证券研究中心。

查报告,85%的证券投资机构及82%的股权投资机构认为降低风险是开展ESG/绿色投资的驱动力。目前国内外ESG投资主流策略正从负面剔除向ESG整合转变。

下面将具体介绍ESG策略提升有效性的必要条件。第一,重点打击“漂绿”行为。我们还是要使用一些标准性的方法,做量化方面的证明工作。同时,限制在基金中使用“绿色”或者“ESG”等术语,规避企业的“漂绿”风险,比如披露不实、舆情危机和遭遇诉讼等。我们通过一系列这样的方式来规避最终可能会带来的严重危害。

第二,加快强制性披露需求。在全球范围内,ESG投资规模已在过去10年内增长了近3倍。ESG信息披露已不仅是对企业的道德要求,更是影响投资机构财务业绩的重大因素。理念的演变使得对企业ESG信息披露的可用性和质量要求愈发明确,从而推动世界各国加快启动强制性ESG信息披露规定。强制性ESG信息披露可以有效提高信息透明度与决策准确度。一方面,强制性披露会迫使企业对ESG表现保持透明,从而促使企业积极改善ESG绩效,以便对股东和利益相关者负责。另一方面,投资者能够借此更准确地评估风险状况并更有效地分配资本。一致且可靠的ESG指标信息将减少资本市场信息的不对称问题,使所有市场参与者实现决策依据同步,最终提高资本市场效率。

第三,拓展披露主体和范围。ESG信息披露主体及范围的拓展,意味着任何规模和类型的企业,无论是否被强制要求披露ESG信息,都可能需要开始或改进ESG信息管理,以满足自身或合作方的披露需求。这一趋势将引发所有行业的深刻变革,有披露义务的企业应积极分享所在行业的ESG实践经验,帮助供应商制定转型目标并提升相应能力,从而提高企业自身的ESG水平。

(三)ESG投资与A股环保行业实践

从梳理ESG主题基金重仓股来看,主要的持仓集中于大盘蓝筹,中国海油、腾讯控股、贵州茅台、宁德时代、中国移动的持仓市值占比靠前。通过分析典型企业的ESG报告,我们发现了一个现象,即当前A股ESG主题基金重仓股竟然没有环保股。这一现象在“双碳”背景下似乎是不可理解的,原因究竟为何?

聊到环保,我们一般会把它分成几个领域:大气、水和固废。大气领域是最早开始治理的,比如北京的雾霾天气在过去几年比较严重,现在得到了很好的治理和改善。从生态环境部的标准来看,我们在过去这些年做了大量的大气污染治理,包括火电脱硫脱硝,再到非电领域的脱硫脱硝等,整体治理比例比较高,且在过去好多年以来快速发展。目前来看,整体紧迫度是不断降低的。水污染治理方面,是大家非常关注的事情,一般分为城市的污水处理或者农村的污水处理,现在的污水处理率也比较高,更多来讲就是后续的提质增效。在固废处置方面,比如生活垃圾的处理,在2020年以前也有比较快速的增长。

其次,我们进一步关注A股环保行业的主要特征。第一,市场容量非常可观,大多数是中小市值的公司。第二,环保细分子领域景气度周期偏短。具体来说,环保行业细分领域众多,且作为一个典型的政策驱动型行业,环保板块呈现出景气度在不同的细分子领域中较快切换的特征，单一细分子领域难以维持持续的高景气度。第三，环保行业的业绩高增长对工程依赖度高。从发展早期来看，环保行业的业绩增长主要依赖于环保投资加速的过程中工程订单的放量。相关技术比较多围绕无害化的技术展开，行业技术门槛不高。在2018年之前，我们可以看到大量资本涌入环保行业，环保行业开始了跑马圈地，同时大规模的开拓订单实现了业绩高增长。到2015—2016年时，中央提出PPP模式，进一步推动了环保行业的非理性扩张，企业那几年确实得到了迅猛增长，但随后是快速性的回落，这也说明了业绩高增长对于工程的依赖度是非常高的。后续的金融去杠杆使得PPP迎来强监管，进入了融资性困难阶段。2017年之后，可以看到很多环保企业开始出现PPP项目下降，项目释放速度放缓和面临融资端问题，即融资成本和资本成本大幅度提升。2018年之后，环保行业的整体业绩出现了大幅度下滑，甚至当时的龙头公司都呈现出了业绩上的拐点。这也是为什么在当前时点中，我们看到了很多ESG主题性的投资中，尽管"双碳"和环保息息相关，但其实并没有包含环保行业的公司标的。第四，政府付费比例高，企业现金流差。根据Wind数据，环保行业整体资产负债率从2015年年底的47.8%大幅提升至2020年年底的59.6%，其中以工程类项目为主导的水治理与固废治理板块资产负债率一度超过60%。此外，由于PPP模式具有投资额大、回款周期长（一般为15～30年）的特点，环保公司长期应收款和无形资产堆积，盈利质量下滑。

如何展望未来？可以说环保行业经历了一个非常痛苦的阶段，我们也期待它在未来回到良性发展阶段。目前的环保企业首先通过多种方式转变，包括主动地回避一些高杠杆、回款和现金流比较差的工程类项目，更多地选择业绩稳定性高的项目，比如环保运营类、整体回款度上更有保障的项目。其次，降低负债压力，提高运营效率，改善融资环境。一部分优秀的环保公司在主业市场面临饱和的情况下，也开始积极拥抱"双碳"，谋求它的第二成长曲线，包括新能源领域、回收领域等，我们都可以看到公司在这些新领域中的布局。

回顾环保板块的历史PE估值：2013—2015年，A股环保板块逐步形成，在牛市中板块估值显著提升；2015—2018年，重磅环保政策频出，行业景气度高，环保企业在大量工程订单刺激下，业绩持续高增；2018—2019年之后，金融去杠杆政策下，环保企业资金链趋紧，危机之下，环保公司业绩压力显现，板块估值快速下行。

看向未来，环保板块目前已度过最艰难的时期，2023年开始有望进入良性发展阶段。2017年以来，我们统计发现目前整个二级市场中环保板块股票基金的持仓市值是不断下降的，2016年年底基金持仓是1.4%，统计到2020年6月底，持仓是0.34%，是非常低的。

综上所述，我们预计2024年的A股环保投资理念为传统环保企业看高分红，新兴环保企业看技术和模式创新。具体而言，对于传统企业来说，环保企业遇到行业发展瓶颈后，不少优秀的环保企业抓住机遇开始积极转型，打造第二成长曲线；而对于新兴企业来说，应重视技术和模式创新，避免重走过去粗放式发展的老路。

三、ESG 投资的核心：寻找美好企业

我们做 ESG 投资是在寻找什么？其核心是寻找一些美好企业，不管是从 ESG 的理念到产业中的发展，再到价值性的投资。当前学术界围绕 ESG 理念，包括产业发展和企业价值的研究上，做了比较多的探讨。

（一）ESG 与产业发展

从产业发展层面上看，我们发现 ESG 与各行各业之间是相关的。电力部门为首要枢纽，是绿色产业集群和碳排放交易未来转型的关键。电力部门如何推动形成绿色产业中的集群，包括交通领域、工业领域和民用领域，具有重要意义。如碳排放交易价格在总量治理上意义重大，2021 年全国实施了电力部门的碳排放额度交易定价市场，仍有工业、交通、建筑等产业部门没有纳入统一交易市场。我们仍要寻求合理的碳排放额度交易价格形成机制和政策调控标准。

白酒也是一个泛 ESG 领域，贵州茅台在企业 ESG 报告中陈述了自己如何实现企业层面的绿色发展，具体表现为推进水资源的综合性治理，推动生态流程上的绿色化。

家电行业中的美的集团，用“六大绿色支柱”来构建它在环保全球上的供应链，就是把它的清洁技术、绿色创新融入企业运营产品的全生命周期。它的“六大支柱”包括绿色设计、绿色采购、绿色制造、绿色物流、绿色回收和绿色服务，以延长它的产品寿命，降低产品制造的物质和能源消耗。

在乳制品行业中，伊利股份产品制造工业标准化，推进生产过程低碳清洁。截止到 2021 年年底，我们看到伊利旗下的 23 家子公司，被工信部评为国家级的绿色工厂等，这是因为它们都在做减碳，以及在生产端不断地取得成绩，从整体减碳路径上清晰地实现全产业链采用“碳中和”技术。

汽车行业的广汽集团，关注供应链碳排放管理，打造零碳工厂，实现汽车产品的生命全周期绿色化。从实现途径上看，它有自己的全周期管理，就是从研发到生产，从购买到使用，包括怎么打造零碳工厂、做零碳汽车的产业园、提高智能网联的新能源车以及推动实现自身的美好愿景。这也是广汽集团在 ESG 领域中自己做的一些探索。

从 ESG 与产业发展来看，首先，传统行业加速中小企业出清，通过电炉炼钢、无机非金属材料研发降低单位能耗，主要表现为三个方面：供给高端化水平不断提高，结构合理化水平持续改善，发展绿色化水平大幅提升。其次，煤炭、石油供给端限产，推进地热能、煤炭清洁转化等多种绿色技术，包括加大固定资产的投资，增加绿色低碳的创新，承担环境和社会责任，提高资产和现金的回收率等。最后，有色金属行业淘汰落后产能，加强并购重组，面向全球布局矿产资源。具体而言，我们认为绿色增长对有色金属的要求主要为以下三个方面：(1)增加固定资产投资，投入与低碳化相关的产能建设当中；(2)加强绿色低碳的研发，严格控制生产成本；(3)加强现金流管理，由于工业金属品的价格波动对于这一类型行业的

影响仍然较大,因此对于现金流的管控仍然十分重要。

还有 ESG 与产业端的融合,也能让我们看到核心的碳目标设定。比如苹果公司,它规定了自己与相关的供应链应如何节约能源,如何实现碳减排,包括从产品设计端减少材料消耗,使用可再生电力,在不同产品层面上减少能源消耗等。

微软亦是如此,它计划于 2030 年通过供应链端的碳定价实现绿色增长,包括能源的绿色化、车辆电气绿色化、到 2030 年如何进一步实现排放下降以及供应链中的碳定价等。它通过自身内部的一系列管理,实现绿色增长。

还有亚马逊,通过推动电商集成平台绿色采购与可再生项目实现绿色经营。承诺到 2025 年年底实现 100%的可再生能源,为企业运行提供能源动力;到 2040 年实现全产业链净零碳排放,鼓励相关企业开展零碳行动。

再比如特斯拉,通过推动电池技术工艺革新,建设新型且高效的工厂实现减排。这种模式包括从原材料开采到电池生产,到电池寿命的使用,再到最后的回收等,其实都在始终贯彻低碳循环的理念,以避免不必要的碳排放。

通过统计可以发现,在 ESG 理念下,不同产业的发展存在重大差异。不同产业的投资逻辑不同,第一,对于传统性的高耗能产业,我们更加注重研发投入以优化产品、降低能耗。过程中具备稳定现金流、强盈利能力、强研发投入意愿的特钢、消费建材、新型复合材料、农化企业更有望在绿色增长中实现企业价值。第二,消费产业是我国非常重要的传统性产业,有望通过绿色化、智能化的新产品,来培育它自己的消费新增长点。第三,工业制造企业需要通过设备升级、数字孪生技术与数智化全流程改造,有效实现绿色增长,并减少碳相关成本所带来的利润波动风险。过程中具备强研发创新能力、高行业专注度以及较优产品设计能力的中小型公司更容易实现企业价值。第四,在新能源领域,我们发现具备产业链上下游整合能力,并且深入布局新能源配套产业的新能源龙头企业,更容易兑现自身企业价值。

(二)ESG 与企业价值

从企业价值层面来讲,我们觉得 ESG 将通过三个机制提升企业价值:第一,减少信息的不对称,通过降低信息不对称,向投资者传递积极信号;第二,提高企业的盈利能力,良好的 ESG 对于人力资本、管理能力和技术水平都提出了更高的要求,有助于企业提升差异化、可持续的盈利能力,最终提升生产效率;第三,降低经营风险,良好的 ESG 表现能够帮助企业积累声誉,提升企业价值。

我们可以看到工业企业 ESG 的表现跟财务绩效之间的关系。在竞争的状态里,ESG 投入从短期来看,或许不能立刻为企业带来更好的效果,因而在企业发展的初期阶段,ESG 投入的成本效应相对更为明显,可能会降低企业价值,但从长期来看,对企业价值则存在比较典型的正向作用。以上是我们从学术研究中统计得到的结果。

在 ESG 和企业价值方面,我们认为 ESG 活动的增加能够支持企业创新,因为 ESG 有助于改善公司跟利益相关者之间的关系，帮助企业获得不同的外部信息，进而支持企业创新。同时，这也有助于缓解财务约束，提高了管理者的环保意识。此背景之下，ESG 的评分越高，对企业创新的促进效果越明显。在生产效率方面，Deng 等(2023)发现 ESG 表现可以有效提升企业的全要素生产率，盛明泉等(2022)发现 ESG 表现能够促进家族企业全要素生产率的提升，且在内部处于成长期和成熟期以及由创一代控制的情况下，这种效应更加显著。

产业集群协同创新强调了创新主体即企业在技术、信息、组织、知识、管理等多个元素交互作用下的相互联系、广泛交流和协同作用。比如新能源产业集群聚焦于关键技术，以企业为核心，以研发机构和技术平台为支撑，协同资源布局推进集群发展。

以宁德动力电池聚集区为例，产区内配套了正负极、电解液、隔膜、设备等一系列关联产业，强调动力电池各零件企业之间的合作，形成地方特色产业。产业集聚一旦形成，就可能促进劳动力、技术、知识的流动，保障生产的规模经济。中国目前产业集群主要分布在沿海和中部地区，这些地区交通发达，配套完善，人才储备充足，但是相关的原料资源并不充足，未来如果能组成上中下游一体化的产业集群，将会更好地促进整个产业链的发展。

包括锂电池行业中的宁德时代，提升了动力电池能量密度、充电效率，带动汽车产业实现对化石能源的替代。还有新能源汽车行业的比亚迪，它从 2008 年开始走电池路线，在近几年，我们可以看到比亚迪持续性的技术突破，使得企业价值被市场重估，在 2019—2022 年，比亚迪涨幅接近 728%，也就是将近 7 倍左右，市场给予 PE 从 50 抬升至 200。光伏硅片领域的隆基绿能，通过硅片与光伏绿氢，推动绿色化光电能源生产。隆基绿能对于未来绿色增长提出了四步走的战略，其战略布局对于产业的引领作用值得关注，可以归纳为以下三个趋势：光伏场景多元化、生产材料绿色化、生态开发和谐化。随着国家注重引导绿色产业布局，隆基绿能搭上了光伏政策补贴的顺风车，市值飞跃迅速，从百亿规模实现千亿级别的跨越，也曾一度突破 5 000 亿元。通威股份也在这几年快速增长，通过硅料与组件的双重布局，形成光伏产业上下游协同机制。在风电行业中，从事风机制造的明阳智能通过风机制造与风电运营，为传统央企提供低碳方案。从企业价值层面看，它在这几年的利润增速和毛利率上涨速度都是非常快的。通过掌握高技术壁垒和一些毛利率比较高的绿电业务，其整体市值表现非常出色。以上企业都是在这几年里被二级市场所认可的一些标的。

(三)ESG 理念与价值投资

从 ESG 理念到价值投资，相当于从价值观聊到方法论。我们的最终希望是寻找美好型的企业，包括承担社会责任，参与生态环境保护，还要考虑投资者的回报，这种回报既包括股东层面也包括员工层面上的回报。在这样的时代背景下，企业如何适应市场竞争环境，带来了怎样的员工流动性，如何对上下游供应进行决策分配，如何回报股东等都值得观察与研究。

何谓美好企业？本质上，美好企业是 ESG 理念和价值投资方法的终极追求。美好企业就是通过将所有利益相关者群体的利益纳入其战略进行一致性考虑。把所有相关者的利益拿到战略中统一考量，能够帮助企业塑造良好的内部成长性和可持续性。比如在营销范式层面，如何实现企业与员工、客户和投资者之间的利益共生性关系？要采用一种能提高公司稳定性，并且使各利益群体的利益协调一致的方式，把企业、客户和员工等联系在一起。最近几年，我们可以看到的方法包括员工持股计划，即鼓励员工购买并长期持有企业的股票；再比如使投资者成为企业的顾客，以鼓励一些混合性的关系，包括给长期投资者提供员工折扣等。

寻找美好企业，也是在寻找企业与社会和全球的共生之路。我们觉得这里有几个阶段，第一阶段是基本的，企业要想行善，就需要利润来维持生存，因此首先必须做好自己的业务。第二阶段开始，随着基本生存问题得到解决，管理层和员工表现出一种合作与团结的精神。第三个阶段的企业开始将注意力向外转至其他利益相关者，“共生”模型延伸至供应商、客户、竞争对手和公众。第四个阶段，当一家企业具有广泛的全球影响力时，它可以投入时间和资源，以找出更广泛地促进全世界人民福祉并帮助解决更大规模问题的方式（贸易失衡、收入失衡、环境失衡等）。第五个阶段则是企业共生模型的最终阶段，企业追求的是“自我实现”，与政府共同努力制定法规，以减少污染或消除针对弱势国家的贸易壁垒等。

举一个ESG社会责任的反面案例——美国通用汽车忽视工人待遇。2019年9月16日，美国汽车巨头通用汽车计划关闭四家美国工厂，由于与美国汽车工人联合会（UAW）在员工薪酬福利等方面难以达成一致，导致4.9万名在美国的33个制造厂和22个仓库的通用汽车的工人罢工。这在二级市场上产生了非常大的负面影响，且市场反应迅速，导致企业的收入和净利润显著下降。回到刚开始所说的，我们也希望通过ESG的研究规避一系列“黑天鹅”事件。

从ESG理念和价值投资的结合视角看，第一，我们比较关心的就是企业的分红、回购——企业如何通过资源配置实现社会利益最大化。分红是股东最基本的权利，上市公司分红不仅可以体现公司的资金实力，同时也可以体现对股东的尊重和责任。而我国上市公司在分红、回购层面仍有较大提升空间。我们也看到2023年以来出台了一系列相关政策鼓励企业分红和回购，同时对股东减持行为也做了很多限制。

第二，在企业治理层面上，一个企业真正的核心竞争力是“方向要大致正确”。任正非是最早把熵的概念引到企业管理中并系统阐述的企业家，企业发展的自然法则是熵由低到高，逐步失去发展动力。因此，应通过管理创新持续激活组织活力进行群体奋斗，这可以利用企业家精神和企业战略得以实现。

第三，高污染行业的绿色化转型。我们看到了企业在环境保护层面上的众多举措，包括废气端的治理、主要污染物的处理等，其实都涉及企业的绿色化转型。我们发现环保政策有利于提高企业的行业集中度，具体而言，环保政策会消灭一部分产能，使得一些企业最终关闭了，所以环保政策其实推动了煤炭、养殖、建材、化工等行业的集中度提升，最终留下来的企业则具备更好的治理能力、盈利能力和现金流等。

第四，新能源产业高速发展。包括隆基绿能等这类刚才已经具体分析过的企业。

第五，传统产业数字化转型。数字化是传统产业加速减排的重要技术基础，脱碳能力的提升需要通过数字化和智能化来实现。不管是从监管层面，还是从企业经营层面，要想实现“双碳”目标，数字化转型的贡献很大，它能够有效地监控数据，以加速低碳的进程。

第六，员工从资源到能量源。作为全球知名的咖啡连锁品牌，星巴克始终将员工视为公司的心跳，坚信只有超越伙伴的期待，才能超越顾客的期待。为此，星巴克通过创新方式提供有竞争力的全面薪酬和综合福利，关心和照顾好伙伴及其家人。阿里巴巴亦是如此，从资源到能源端，如何树立企业价值观？客户第一，员工第二，股东第三。

第七，ESG 理念与价值投资的财务连接点是 ROIC 与自由现金流。ROIC 能够测度企业基于全部投入的盈利能力，本质是对于企业是否创造价值、合理配置资本结构的测度。自由现金流则综合测度企业的内生增长性与资本开支的有序程度，稳定的自由现金流是提升分红、实现回购的重要保障，也是 ESG 投资所强调的可持续性，强大的自由现金流是公司能够持续投资于环境和社会责任项目的关键。例如，公司可能会使用自由现金流来改善其生产过程，减少废物和排放，或者投资于社区发展项目等。